黄河水利委员会治黄著作出版资金资助出版图书

黄河中游暴雨产流产沙及水土保持减水减沙回顾评价

张胜利　康玲玲　董飞飞　孙　娟　编著

黄河水利出版社

·郑州·

内 容 提 要

本书为黄河中游暴雨产流产沙及水土保持减水减沙回顾评价专著。全书共分5章,第1章为黄河流域侵蚀产沙三论;第2章为黄河中游暴雨洪水产流产沙回顾评价;第3章为黄河中游水土保持减水减沙回顾评价;第4章为黄河中游重点支流暴雨产流产沙及水土保持减水减沙回顾评价;第5章为对黄河中游暴雨产流产沙及水土保持减水减沙几个问题的认识。

本书可供水土保持、泥沙研究、生态环境、水利建设以及水沙变化研究等方面的专业技术人员和有关大专院校师生以及流域开发治理、工程规划设计、水资源合理利用等有关部门阅读参考。

图书在版编目(CIP)数据

黄河中游暴雨产流产沙及水土保持减水减沙回顾评价/张胜利等编著. —郑州:黄河水利出版社,2015.9
ISBN 978 - 7 - 5509 - 1227 - 4

Ⅰ.①黄… Ⅱ.①张… Ⅲ.①黄河流域 - 中游 - 水土保持 - 研究 Ⅳ.①TV152

中国版本图书馆 CIP 数据核字(2015)第 215940 号

组稿编辑:李洪良　电话:0371 - 66026352　E-mail:hongliang0013@163.com

出　版　社:黄河水利出版社
　　　　　地址:河南省郑州市顺河路黄委会综合楼 14 层　　　　邮政编码:450003
发行单位:黄河水利出版社
　　　　　发行部电话:0371 - 66026940、66020550、66028024、66022620(传真)
　　　　　E-mail:hhslcbs@126.com
承印单位:河南省瑞光印务股份有限公司
开本:787 mm×1 092 mm　1/16
印张:11.50
字数:266 千字　　　　　　　　　　　　　　印数:1—1 000
版次:2015 年 9 月第 1 版　　　　　　　　　印次:2015 年 9 月第 1 次印刷
定价:48.00 元

序

时逢我院张胜利教授级高级工程师参加黄河治理工作50周年之际,他集多年科研成果编著了《黄河中游暴雨产流产沙及水土保持减水减沙回顾评价》一书,可喜可贺。

张胜利同志自1963年于武汉水利电力大学毕业参加治黄工作以来,主要从事水土保持及支流治理规划、水土保持和泥沙研究工作。在20世纪60~80年代曾三次参加黄河水利委员会组织的治黄规划,参加编制了皇甫川、三川河、大理河、窟野河等支流综合治理规划,90年代参加编制了窟野河、孤山川、秃尾河等三条支流综合治理规划,他与有关单位同志一起长期深入现场,对该地区治理方向和治理措施进行了深入调查研究与探索;在水土保持和泥沙研究中,主持或承担多项国家重点科技攻关、国家自然科学基金、水利部、黄河水利委员会等多项重点研究课题,取得多项重要研究成果,并多次受到各级奖励,其成果对黄河治理和水土保持有一定的理论价值和实用价值。我和张工曾进行过多次合作研究,一起参加过"内蒙古准格尔煤田第一期工程地表形态破坏环境影响评价"、国家自然科学基金"黄河中游大型煤田开发对水土流失和泥沙影响研究",进行过"窟野河、孤山川、秃尾河等三条支流综合治理规划"和"黄河中游多沙粗沙区1994年暴雨后水利水保工程作用和问题的调查",参加过"八五"攻关课题"黄河中游多沙粗沙区水沙变化原因及发展趋势研究"等。

张工善于学习。一是在实践中学习,他通过参加支流规划和调查研究,在干中学,在学中干,通过长时间在现场工作,对流域水土流失规律和治理措施进行了比较深入的探索,积累了比较丰富的实践经验;二是向同行学习,通过参加国家科技攻关项目、国家自然科学基金重大项目、水利部黄河水沙变化研究基金、黄河水利委员会水土保持科研基金等研究,在多学科、多部门联合攻关中,通过学科交叉和相互渗透,向同行学习,吸收了许多新知识,不断提高自己的理论水平。张工善于将生产问题与科研问题结合起来,将科研问题与战略问题联系起来,不断升华对黄河治理和水土保持的认识,50年来在黄河科研中,张工做了许多实际工作,提出了许多真知灼见。

张工是一个勤奋的人,在50年治黄生涯中,无论在职还是退休,数十年如一日,兢兢业业,勤勤恳恳,求真务实,勤奋努力,为黄河治理和水土保持事业做出了一定成绩。在张工从事黄河治理工作50周年之际,他编著的《黄河中游暴雨产流产沙及水土保持减水减沙回顾评价》一书,是一部融学术性、资料性为一体,集对水沙变化研究之精华的好书。我相信,该书一定会对黄河治理和水土保持有一定的启示和参鉴作用。

黄河水利科学研究院院长、教授级高级工程师

2013 年 1 月

前　言

　　黄河是一条径流量较少而输沙量较多的河流,水量主要来自上游,泥沙主要来自中游,不相匹配的来水来沙条件,形成黄河下游河道善徙善淤的冲淤演变特性,使黄河下游成为一条横亘于华北平原的"地上悬河",黄河洪水泥沙直接威胁着黄河的安澜,尤其是黄河中游一些中小河流,由于水土流失严重,河道淤积、萎缩,甚至人为侵占、缩窄行洪断面等,小水大灾现象时有发生,而且呈日益加剧之势。

　　黄河是在非常复杂的环境中发育和演变的河流,水沙复杂多变。研究表明,黄河水沙变化有丰枯波动的特点,在枯水期,径流、洪水和泥沙持续偏少,特别是近十几年来,黄河水沙锐减,出现了前所未有的安定局面,在这种情况下,往往出现忽视防洪和轻视泥沙灾害的倾向,而在遭遇较大暴雨时,又往往会出现较大的洪水泥沙,从而造成不应有的损失。多年来黄河水沙变化研究使我们认识到,暴雨产流产沙及水土保持减水减沙是水沙变化研究的中心内容,暴雨(特别是极端暴雨)的产流产沙,往往主宰着黄河水沙的巨变,在以往的研究中,较多地注意了对"平均情况"的研究,对极端暴雨产流产沙研究不够,总结以往黄河水沙变化研究的经验教训,作者认为,在目前黄河水沙变化研究中应把暴雨产流产沙及在暴雨洪水作用下水土保持等人类活动减水减沙作为水沙变化研究的重要内容;另外,黄河流域水利水土保持措施等人类活动减水减沙作用仍存在较大争论,正确评估水土保持减水减沙作用也是当前值得研究的重要命题。基于以上认识,作者根据自己和前人的研究成果,对暴雨洪水产流产沙以及在暴雨作用下水土保持减水减沙进行了一些总结与评价,重新认识黄河中游治理中的成败得失与经验教训,以史为鉴,为合理利用水资源、减少或避免洪水泥沙可能带来的灾害提供参考。

　　本书是作者出版《黄河中游人类活动对径流泥沙影响研究》后的续篇,侧重回顾评价了暴雨产流产沙和在暴雨作用下水土保持减水减沙。全书共分5章,第1章为黄河侵蚀产沙三论,论述了黄河输沙量变化问题、侵蚀产沙特征和侵蚀产沙与洪水泥沙灾害的相关性;第2章为黄河中游暴雨洪水产流产沙回顾评价,分析了黄河中游暴雨洪水发生发展规律,介绍了黄河中游主要支流历史调查洪水和实测洪水,对黄河中游流域性特大暴雨洪水产流产沙进行了总结评价,包括历史上1843年、1933年两次特大暴雨产流产沙和新中国成立后黄河中游1977年、1994年两次特大暴雨产流产沙,评价了在暴雨作用下水土保持作用和水毁原因;第3章为黄河中游水土保持减水减沙回顾评价,对黄河中游水土保持减水减沙效益研究进行了综述,介绍了水土保持减水减沙研究概况,评述了水土保持减水减沙研究成果;对水土保持单项措施的减水减沙作用进行了评价,归纳了黄河中游水土保持科研站所、科研单位等小区观测资料和有关科研成果,分析了造林、种草、水平梯田、淤地坝、治沟骨干工程、生态修复等植被建设对水土保持单项措施的减水减沙作用,探讨了不同条件下水土保持单项措施蓄水拦沙作用;对黄河中游水土保持减沙效益现行计算方法进行了述评,分析了存在的问题,提出了"改进的水保法",根据最新调查核实的水土保持措施数量,利用考虑措施数量、质量、分布等对水土保持减沙影响的改进的水土保持减沙效益计算方法,定量分析计算了评价期黄河上中游水土保持措施效益以及各项水土保持措施的减沙贡献率;第 4 章为黄河中游重点支流暴雨产流产沙及水土保持减水减沙回顾评价,将黄河中游支流作为一个系统,根据自然地理差异,选取皇甫川、窟野河、三川河、无定河、清涧河等主要支流,在辨识流域自然环境特征和水土保持治理特点的基础上,对黄河中游各支流水沙变化特性进行了分析,特别是对极端暴雨(1977 年、1988 年、1994 年、2002 年)产流产沙及对水土保持减沙效益影响进行了典型分析;第 5 章为对黄河中游暴雨产流产沙及水土保持减水减沙的几点综合性认识,对坝库建设的减水减沙作用和问题、暴雨作用下典型沟道小流域治理减水减沙效益问题、生态修复等植被建设问题、河道冲刷恢复泥沙问题、人为水土流失问题、暴雨强度与水土保持措施减水减沙作用等问题提出了一些综合性认识。

　　本书在编写过程中得到了黄河水利科学研究院和黄河水土保持生态环境监测中心的大力支持,在此表示衷心感谢。

　　本书承黄河水利科学研究院院长时明立审阅,并为本书作序,谨致衷心感谢。

　　由于暴雨产流产沙及水土保持减水减沙影响因素极为复杂,加之作者水平所限,不足之处在所难免,竭诚欢迎指正。

作　者

2013 年 10 月

目　录

第 1 章　黄河侵蚀产沙三论

黄河中游暴雨产流产沙及水土保持减水减沙与流域侵蚀产沙密切相关,因此首先略论黄河流域侵蚀产沙。

1.1　一论黄河输沙量变化问题

1.1.1　黄河多年平均输沙量变化问题

黄河输沙量是黄河泥沙最主要的特征,关系到治黄规划的指导思想和战略部署,也涉及黄河下游的治理方略。长期以来黄河输沙量采用 16 亿 t,这一数量会不会发生变化?今后是否仍采用 16 亿 t 是需要认真思考的问题,而这种变化又主要取决于暴雨产流产沙和水土保持减水减沙,因此首先对黄河输沙量这一宏观决策问题进行分析。

1.1.1.1　1919~1969 年黄河输沙量变化情况

黄河流域地理条件复杂,各地来沙量存在极大的不均衡性。据人类活动影响较小的 1919~1969 年资料统计,黄河龙门、华县、河津、洑头四站输沙量为 16.4 亿 t,其中黄河下游三门峡以下来沙很少,年均近 0.3 亿 t,河口镇以上上游地区流域面积占流域总面积的 51%,来沙也较少,只占龙门、华县、河津、洑头四站沙量的 9.0%。因此,沙量主要来自河口镇—三门峡的中游地区,中游地区可分为龙门上下游两部分,河口镇—龙门区间(简称河龙区间)支流众多,土壤侵蚀强烈,产沙量大,其沙量占到全河沙量的 57.0%;龙门以下主要是龙门—潼关区间(简称龙潼区间)泾、洛、渭、汾等较大支流来沙,四条河输沙量占全河沙量的 34.0%(见表 1-1)。

表 1-1　黄河泥沙来源地区分布(1919~1969 年)

项目	河口镇以上	河龙区间	泾、洛、渭、汾	龙门、华县、河津、洑头四站	黑石关、小董
输沙量(亿 t)	1.5	9.3	5.6	16.4	0.3
占四站比例(%)	9.0	57.0	34.0	100	

1.1.1.2　1950~2010 年黄河输沙量变化情况

表 1-2 为 1950~2010 年不同年代输沙量统计,20 世纪五六十年代输沙量为 17 亿 t 以上,70 年代开始减少,到八九十年代减少为 8 亿 t 左右,减少了一半,到 2000~2010 年锐减为 3 亿 t 左右,减少了 80% 以上。

表1-2 黄河龙门、华县、洑头、河津实测输沙量统计(1950~2010年) （单位:亿 t）

统计系列	龙门	华县	洑头	河津	合计
1950~1959年	11.89	4.292 2	0.923 3	0.699 4	17.804 9
1960~1969年	11.32	4.362 2	0.997 2	0.349 7	17.029 1
1970~1979年	8.68	3.839 9	0.747 1	0.191 1	13.458 1
1980~1989年	4.70	2.757 4	0.528 7	0.043 4	8.029 5
1990~1999年	5.062	2.762 8	0.838 0	0.026 9	8.689 7
2000~2010年	1.679	1.386 8	0.184 9	0.002 6	3.253 3
1950~2010年	7.131	3.203 3	0.706 5	0.214 6	11.255 4

表1-3 为黄河中游河龙区间及泾、洛、渭、汾降雨、径流、泥沙变化情况,可以看出,若以1950~1969年为基准期,年输沙量为16.136亿t,近期(1997~2006年)在降雨量变化不大的情况下,年输沙量减少为4.334亿t,说明黄河中游近期水沙发生了重大变化。

表1-3 黄河中游河龙区间及泾、洛、渭、汾降雨、径流、泥沙变化情况

河流(区间)	统计年份	多年平均降雨量 (mm)	多年平均径流量 (亿 m³)	多年平均输沙量 (亿 t)
河龙区间	1950~1969	473.6	73.3	9.941
	1997~2006	404.1	29.7	2.172
泾河	1950~1969	555.8	19.139	2.731
	1997~2006	496.2	10.714	1.375
北洛河	1950~1969	559.5	7.736	0.960
	1997~2006	473.4	4.666	0.401
渭河	1950~1969	594.5	71.76	1.596
	1997~2006	531.8	32.225	0.383
汾河	1950~1969	553.4	20.55	0.908
	1997~2006	454.2	3.02	0.003
合计	1950~1969	547.4	192.441	16.136
	1997~2006	471.9	80.325	4.334

统计黄河河龙区间各时段降雨、径流、泥沙资料(见表1-4),可以看出近期输沙量变化更大,2000~2010年在年降雨量减少不到10%的情况下,径流量减少近70%,输沙量减少近88%。

表 1-4　河龙区间各时段降雨、径流、泥沙变化情况

时段	年降雨量（mm）	年径流量（亿 m³）	年输沙量（亿 t）	各年代减少（%）		
				降雨	径流	泥沙
1956～1969 年	476.7	72.90	10.28			
1970～1979 年	429.4	54.08	7.55	9.9	25.8	26.6
1980～1989 年	414.8	37.16	3.73	13.0	49.0	63.7
1990～1999 年	405.1	41.55	4.68	15.0	43.0	54.5
2000～2010 年	434.2	23.00	1.27	8.8	68.4	87.6

注：以 1956～1969 年为基准期；2000～2010 年年降雨量为近似值。

为了与表 1-1 比较，表 1-5 统计了 1950～2010 年黄河泥沙来源地区分布，可以看出，龙门、华县、河津、洑头四站较 1919～1969 年减沙 5.144 3 亿 t，其中，河口镇来沙减少了 0.458 8 亿 t，占四站比例却增加了 0.3%；河龙区间来沙减少了 3.21 亿 t，占四站比例减少了近 3%；泾、洛、渭、汾来沙减少了近 1.48 亿 t，占四站比例却增加了 2.6%。

表 1-5　黄河泥沙来源地区分布（1950～2010 年）

项目	河口镇以上	河龙区间	泾、洛、渭、汾	龙门、华县、河津、洑头四站
输沙量（亿 t）	1.041 2	6.090	4.124 5	11.255 7
占四站比例（%）	9.3	54.1	36.6	100

从以上分析来看，1950～2010 年黄河输沙量只有约 11.3 亿 t，特别是 2000～2010 年黄河输沙量只有 3.25 亿 t，黄河输沙量呈持续减少趋势。目前，有关学者和专家对水沙变化的成因存在不同的认识和看法，有人认为，黄河水沙减少的趋势是不可逆转的，加上现有干支流上一系列大中型水库的修建，黄河流域水沙的调控能力已经大大提高，即使发生较大降雨，现有的水库体系也可以将其控制；但也有人认为，近年来黄河水沙持续减少只是流域水沙变化的一个周期，还不能确定这种减少趋势是否具有可持续性，因为暴雨较少的枯水年份输沙量将会减少，在暴雨较多的丰水年份，输沙量将会增加，今后黄河输沙量是否还是 16 亿 t 是一个值得研究的问题。正因为如此，为正确评估黄河输沙量，加强暴雨产沙规律和水土保持减沙效益研究是十分必要的。

1.1.2　黄河粗泥沙变化问题

黄河粗泥沙来量及分布是黄河中游治理的重要依据之一，多年来有关单位和部门进行了大量研究。

1.1.2.1　黄河粗泥沙来源地区分布

黄河粗泥沙主要指泥沙粒径大于 0.05 mm 的粗颗粒泥沙。20 世纪 60 年代，以著名泥沙专家钱宁教授为代表的治黄工作者提出，黄河下游的淤积物主要是粒径大于 0.05 mm 的粗颗粒泥沙，如果在黄河中游找到粗泥沙产区，并集中治理这一地区，不让粗泥沙

输入下游河道,下游河道的淤积(特别是主槽淤积)就会得到缓和。这个认识曾被高度评价为"是对黄河泥沙研究上的一项重大突破"。

长期以来,根据黄河泥沙的主要来源及其对黄河下游的危害,利用黄河流域干支流泥沙颗粒分析站资料,统计前期各站颗粒分析改正后的泥沙特征值列于表1-6。

表1-6　黄河流域各站泥沙特征值统计

河名	站名	系列	多年平均输沙量(万 t)	≥某粒径粗泥沙量(万 t)			中数粒径(mm)	平均粒径(mm)
				0.025 mm	0.05 mm	0.1 mm		
黄河	头道拐	1958～1995年	11 593	4 493	1 984	449	0.017	0.028
	府谷	1966～1995年	22 571	10 818	6 033	1 793	0.024	0.042
	吴堡	1958～1995年	51 216	26 872	15 359	4 698	0.028	0.044
	龙门	1956～1995年	81 300	44 235	22 066	5 766	0.028	0.042
	潼关	1962～1995年	112 800	52 762	22 488	3 712	0.022	0.031
	三门峡	1954～1995年	122 200	55 945	24 519	4 536	0.022	0.031
	小浪底	1960～1995年	105 500	46 385	19 824	3 530	0.021	0.03
	花园口	1962～1995年	108 200	45 819	19 615	3 041	0.019	0.028
	高村	1954～1995年	100 800	41 500	16 076	1 433	0.018	0.026
	孙口	1962～1995年	94 800	39 517	15 196	1 564	0.018	0.026
	艾山	1962～1995年	90 000	38 968	15 497	1 101	0.019	0.026
	泺口	1962～1995年	91 300	36 847	13 603	887	0.017	0.024
	利津	1957～1995年	82 400	32 747	12 011	559	0.017	0.024
皇甫川	皇甫	1957～1995年	4 842	2 973	2 227	1 506	0.050	0.135
孤山川	高石崖	1966～1995年	2 197	1 240	784	296	0.033	0.058
岚漪河	裴家川	1966～1995年	1 221	666	366	187	0.030	0.047
窟野河	王道恒塔	1966～1995年	2 754	1 874	1 527	1 042	0.089	0.155
	神木	1966～1990年	6 994	4 734	3 541	2 062	0.059	0.107
	温家川	1958～1995年	10 860	6 915	5 259	3 324	0.061	0.126
牸牛川	新庙	1966～1995年	1 629	809	580	364	0.034	0.085
秃尾河	高家川	1965～1995年	1 844	1 358	997	512	0.062	0.115
佳芦河	申家湾	1966～1995年	1 356	850	548	245	0.046	0.101
湫水河	林家坪	1966～1995年	1 900	913	428	76.7	0.023	0.039
三川河	后大成	1963～1995年	1 892	851	350	50.6	0.021	0.031
无定河	赵石窑	1969～1990年	1 147	832	483	82.9	0.042	0.051
	丁家沟	1966～1995年	4 031	2 678	1 583	458	0.040	0.059
	白家川	1962～1995年	11 368	7 095	3 661	857	0.034	0.050

续表 1-6

河名	站名	系列	多年平均输沙量（万 t）	≥某粒径粗泥沙量（万 t）			中数粒径（mm）	平均粒径（mm）
				0.025 mm	0.05 mm	0.1 mm		
大理河	绥德	1966～1995 年	3 701	2 376	1 110	209	0.033	0.047
	青阳岔	1966～1995 年	450	295	170	64.9	0.038	0.077
小理河	李家河	1965～1995 年	534	333	158	29.2	0.033	0.049
岔巴沟	曹坪	1970～1995 年	145	83.6	39.1	5	0.030	0.039
清涧河	延川	1964～1995 年	3 565	1 949	830	117	0.028	0.037
	子长	1966～1995 年	1 061	600	277	42.2	0.029	0.042
昕水河	大宁	1965～1995 年	1 430	567	210	32.8	0.018	0.027
延水	甘谷驿	1963～1995 年	4 905	2 802	1 337	343.5	0.030	0.046
汾河	寨上	1975～1987 年	294	176	53	5	0.029	0.035
	兰村	1974～1987 年	389	197	61	7	0.025	0.031
	河津	1957～1995 年	1 947	648.7	254.4	39.3	0.014	0.023
渭河	南河川	1959～1990 年	12 641	4 224	1 380	470	0.014	0.030
	咸阳	1954～1995 年	13 404	3 841	1 284	408	0.012	0.024
	华县	1956～1995 年	36 286	13 233	4 075	714	0.016	0.025
	甘谷	1966～1995 年	1 687	642	228	101	0.017	0.056
	秦安	1957～1995 年	5 437	1 849	586	162	0.015	0.029
泾河	张家山	1964～1988 年	24 925	11 234	3 897	769	0.021	0.028
	杨家坪	1964～1995 年	7 718	2 847	780	71	0.017	0.023
	姚新庄	1969～1995 年	1 653	761	270	74	0.022	0.039
	巴家嘴	1965～1988 年	1 626	662	200	24	0.018	0.026
	洪德	1966～1995 年	3 700	2 207	917	85	0.031	0.041
	庆阳	1957～1995 年	8 557	4 545	1 763	226	0.026	0.036
	雨落坪	1957～1995 年	12 575	6 298	2 274	262	0.025	0.042
北洛河	刘家河	1969～1988 年	6 382	3 702	1 353	158	0.029	0.037
	交口河	1970～1988 年	6 491	3 713	1 466	189	0.028	0.043
	洑头	1963～1988 年	8 613	4 654	1 628	197	0.026	0.032
	志丹	1964～1988 年	1 104	648	260	50	0.029	0.045

续表 1-6

河名	站名	系列	多年平均输沙量（万 t）	≥某粒径粗泥沙量（万 t）			中数粒径（mm）	平均粒径（mm）
				0.025 mm	0.05 mm	0.1 mm		
洛河	长水	1962～1995 年	555	162.5	71.6	20.4	0.013	0.025
	白马寺	1957～1995 年	1 137	269	104	23.9	0.010	0.019
	黑石关	1956～1995 年	1 329	316	131	35.2	0.009	0.019
伊河	东湾	1962～1995 年	173	47.2	21.3	6.1	0.012	0.023
	龙门镇	1957～1995 年	221	55.8	23.5	5.9	0.011	0.021
沁河	润城	1962～1995 年	408	103	42.6	11.6	0.009	0.02
	五龙口	1962～1995 年	472	115	51.7	16.8	0.008	0.021

分析表 1-6 资料可知,黄河干流泥沙除河龙区间来沙颗粒较粗外,干流其他河段泥沙颗粒较细,多年平均中数粒径为 0.017～0.022 mm,而河龙区间干流多年平均中数粒径为 0.024～0.028 mm;黄河支流以皇甫川、窟野河、秃尾河来沙最粗,多年平均中数粒径在 0.05 mm 以上;其次是佳芦河、孤山川、岚漪河、无定河、延水、清涧河、泾河洪德以上,多年平均中数粒径在 0.03～0.049 mm;湫水河、三川河、汾河兰村以上、泾河洪德至张家山区间、北洛河等,多年平均中数粒径为 0.02～0.03 mm。

选择 1957～1990 年实测系列资料,并以龙门、华县、河津、湫头四站作为粗泥沙来源控制站,统计得到黄河粗泥沙来源地区分布(见表 1-7),从表列成果可以看出,河口镇以上粗泥沙来量较少,仅占四站粗泥沙总量的 7%;龙门以下的泾、洛、渭、汾粗泥沙来量也较少,占四站粗泥沙总量的 20%;黄河粗泥沙主要集中来自河龙区间,占四站粗泥沙总量的 73%,其中河口镇至吴堡区间,土壤侵蚀强烈,产粗沙最多,占四站粗泥沙总量的 49%,是黄河最主要的粗泥沙来源区。

表 1-7　黄河粗泥沙地区分布(1957～1990 年)

项目	河口镇以上	河口镇—吴堡	吴堡—龙门	泾、洛、渭、汾	龙门、华县、河津、湫头四站
粗泥沙(亿 t)	0.23	1.49	0.75	0.61	3.08
占四站粗泥沙(%)	7	49	24	20	100

通过黄河水利委员会等有关单位对黄河多沙区、多沙粗沙区和粗泥沙集中来源区进行的界定研究,得到以下认识:

多沙区,是指侵蚀模数大于 5 000 t/(km² · a)的地区:面积 21.2 万 km²,水土流失面积 19.1 万 km²,其中水蚀面积 14.6 万 km²,涉及黄土丘陵沟壑区、黄土高原沟壑区、土石山区和黄土阶地的部分地区,集中分布在河龙区间、泾河、渭河、洛河中上游地区。多年平均输入黄河的泥沙 14 亿 t,占黄河多年平均输沙量的 87.5%(见表 1-8)。

表 1-8　黄土高原地区多沙区泥沙情况

侵蚀模数 (t/(km² · a))	水蚀面积 (km²)	年输沙量 (亿 t)	涉及主要支流
5 000～8 000	6.09	3.8	湟水、祖厉河、渭河、泾河、北洛河(中上游)、浑河、汾河(上游)
8 000～15 000	4.84	4.6	窟野河(中游)、秃尾河(下游)、清涧河、延河(上游)、北洛河(上游)、屈产河、昕水河、清水河、泾河(上游)
15 000 以上	3.67	5.6	皇甫川、秃尾河(中游)、无定河(中下游)、蔚汾河、湫水河、三川河、孤山川、窟野河(下游)、佳芦河、偏关河(下游)、县川河、朱家川

多沙粗沙区,是指侵蚀模数大于 5 000 t/(km² · a)的地区,且粗泥沙模数大于 1 300 t/(km² · a)的区域,面积 7.86 万 km²,分布于河龙区间的 20 多条支流和泾河上游(马莲河、蒲河)、北洛河(刘家河以上)部分地区,主要涉及黄土丘陵沟壑区、黄土高塬沟壑区,该区多年平均输沙量(1954～1969 年系列)11.82 亿 t,占黄河同期总输沙量的 62.8%,粗泥沙输沙量 3.19 亿 t,占黄河粗泥沙总量的 72.5%。

粗泥沙集中来源区,是指粒径大于 0.1 mm,粗泥沙模数在 1 400 t/(km² · a)以上的地区,面积 1.88 万 km²,该区包括陕西、内蒙古两省(区)的延安、榆林、鄂尔多斯 3 个市的 15 个县(旗、市),主要分布于黄河中游右岸皇甫川、清水川、孤山川、窟野河、秃尾河、佳芦河、无定河、清涧河、延河等 9 条主要支流。粗泥沙集中来源区面积占多沙粗沙区面积的 23.9%,产生的全沙量 4.08 亿 t,大于 0.05 mm 的粗泥沙 1.52 亿 t,大于 0.1 mm 的粗泥沙 0.61 亿 t,分别占多沙粗沙区相应输沙量的 34.5%、47.6% 和 68.5%(见表 1-9)。

表 1-9　黄土高原地区不同区域产沙情况

区域	水土流失		全部入黄泥沙		大于 0.05 mm 的泥沙		大于 0.1 mm 的泥沙	
	面积 (km²)	所占比例 (%)	沙量 (亿 t)	所占比例 (%)	产沙量 (亿 t)	所占比例 (%)	产沙量 (亿 t)	所占比例 (%)
黄土高原水土流失区	45.17	100	18.81	100	4.40	100	1.13	100
多沙粗沙区	7.86	17.4	11.82	62.8	3.19	72.5	0.89	78.8
粗泥沙集中来源区	1.88	4.2	4.08	34.5	1.52	47.6	0.61	68.5

1.1.2.2　黄河粗泥沙变化问题

在统计分析粗泥沙变化时,将泥沙分为细泥沙($d<0.025$ mm)、中泥沙(0.025 mm ＜$d<0.05$ mm)、粗泥沙($d>0.05$ mm)和特粗泥沙($d>0.1$ mm)。由于黄河粗泥沙主要来自黄河河龙区间,因此主要统计分析了河龙区间粗泥沙变化(见表 1-10)。统计表明,河龙区间在近期汛期沙量急剧减少的情况下,各分组泥沙也相应减少。中、粗、特粗泥沙减少幅度大于细泥沙。由表 1-10 可见,干流中、粗泥沙减幅在 81% ~ 92%,细泥沙的减幅在74% ~ 87%。支流皇甫川、孤山川、窟野河、秃尾河各组沙量减幅都比较大,细泥沙减幅在61% ~ 81%,中、粗泥沙减幅更大于细泥沙在 72% ~ 90%;无定河减幅较小,细、中、粗泥沙减幅分别为 44%、54%、48%。

表 1-10　河龙区间干支流不同时期汛期泥沙组成

站名	时期	沙量(亿 t)					占全沙比例(%)				d_{50} (mm)
		全沙	细泥沙	中泥沙	粗泥沙	特粗沙	细泥沙	中泥沙	粗泥沙	特粗沙	
河口镇	1960 ~ 1969 年	1.612	0.996	0.384	0.232	0.035	62	24	14	2	0.017
	1970 ~ 1996 年	0.697	0.423	0.150	0.124	0.028	61	21	18	4	0.017
	1997 ~ 2005 年	0.148	0.110	0.020	0.018	0.004	75	13	12	3	0.008
府谷	1966 ~ 1969 年	4.110	1.925	0.912	1.273	0.409	47	22	31	10	0.028
	1970 ~ 1996 年	1.522	0.784	0.328	0.410	0.135	52	21	27	9	0.023
	1997 ~ 2005 年	0.160	0.102	0.026	0.032	0.013	64	16	20	8	0.014
吴堡	1960 ~ 1969 年	6.181	2.845	1.407	1.929	0.751	46	23	31	12	0.029
	1970 ~ 1996 年	3.226	1.601	0.728	0.897	0.241	50	22	28	7	0.025
	1997 ~ 2005 年	0.672	0.359	0.139	0.174	0.059	53	21	26	9	0.022
皇甫川 (皇甫)	1966 ~ 1969 年	0.688	0.227	0.113	0.348	0.252	33	16	51	37	0.050
	1970 ~ 1996 年	0.439	0.150	0.066	0.223	0.161	34	15	51	37	0.050
	1997 ~ 2005 年	0.125	0.059	0.011	0.055	0.040	47	9	44	32	0.032
孤山川 (高石崖)	1966 ~ 1969 年	0.367	0.153	0.074	0.14	0.052	42	20	38	14	0.034
	1970 ~ 1996 年	0.182	0.073	0.039	0.07	0.025	40	22	38	13	0.035
	1997 ~ 2005 年	0.035	0.019	0.006	0.01	0.004	53	18	29	11	0.021
窟野河 (温家川)	1960 ~ 1969 年	1.148	0.377	0.191	0.58	0.395	33	17	50	34	0.050
	1970 ~ 1996 年	0.941	0.320	0.136	0.485	0.325	34	14	52	34	0.053
	1997 ~ 2004 年	0.128	0.058	0.020	0.050	0.024	45	16	39	19	0.031
秃尾河 (高家川)	1965 ~ 1969 年	0.293	0.076	0.052	0.165	0.087	26	18	56	30	0.058
	1970 ~ 1996 年	0.146	0.039	0.029	0.078	0.041	27	20	53	28	0.055
	1997 ~ 2004 年	0.041	0.013	0.008	0.020	0.011	32	20	48	26	0.046
无定河 (白家川)	1962 ~ 1969 年	1.696	0.586	0.511	0.599	0.167	35	30	35	10	0.036
	1970 ~ 1996 年	0.775	0.312	0.232	0.231	0.050	40	30	30	6	0.032
	1997 ~ 2005 年	0.402	0.175	0.106	0.121	0.038	44	26	30	10	0.029

注:资料来源:黄河水利科学研究院张晓华等完成的"黄河近期水沙变化特点分析",2009 年 10 月。

河龙区间干、支流中数粒径 d_{50} 显著减小。河口镇 d_{50} 从 20 世纪 90 年代后期、府谷和吴堡站 d_{50} 从 90 年代初期开始呈减小的趋势,分别从 1970 ~ 1996 年的 0.017 mm、0.023 mm、0.025 mm 减小到近期的 0.008 mm、0.014 mm、0.022 mm,减少了 0.009 mm、0.009 mm、0.003 mm。支流皇甫川、孤山川、窟野河、秃尾河、无定河也分别由 0.05 mm、0.035 mm、0.053 mm、0.055 mm、0.032 mm 减小到 0.032 mm、0.021 mm、0.031 mm、0.046 mm、0.029 mm。

各站泥沙组成发生变化主要是细泥沙比例增加,中、粗泥沙比例减少。干流三个站细泥沙占全沙的比例由 50% ~ 61% 增加到 53% ~ 75%,中泥沙由 21% ~ 22% 减少到 13% ~ 21%,粗泥沙由 18% ~ 28% 减少到 12% ~ 26%。支流的泥沙组成变化特点与干流相似,以调整幅度最大的窟野河为例,细泥沙比例增加 11 个百分点、由占全沙的 34% 增加到 45%,而粗泥沙比例减小了 13%、由 52% 降低到约 40%,其中特粗沙更是减小了 15%,由三分之一左右降低到不足 20%;泥沙组成变化最小的无定河,粗泥沙比例不变,细泥沙比例稍有增多、中泥沙比例稍有减少,但在粗泥沙中特粗沙比例增加。

从干流府谷、吴堡和支流窟野河长系列各年分组泥沙与全沙的关系可见(见图 1-1 ~ 图 1-9),虽然沙量减少很大,但泥沙组成规律未发生趋势性变化,各分组泥沙量与全沙的关系都呈较好的正相关关系,全沙量增大则各分组泥沙量也增大,各时期点群未发生偏离或分带,说明治理前后(以 1970 年分界)在相同来沙量条件下泥沙组成并未改变,这些情况说明,治理后粗泥沙来量减少,而且全沙与粗泥沙比例关系也没有发生多大变化,因此在黄河中游拦沙工程规划设计时,应把全沙作为设计输沙量。

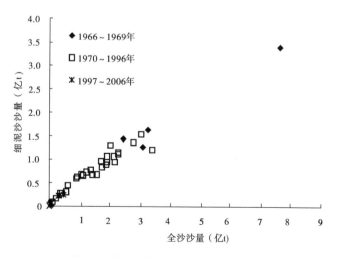

图 1-1　府谷汛期细泥沙与全沙的关系

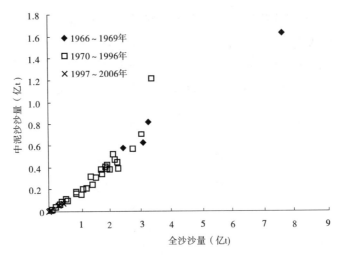

图1-2　府谷汛期中泥沙与全沙的关系

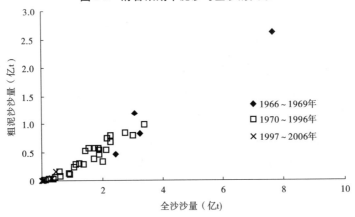

图1-3　府谷汛期粗泥沙与全沙的关系

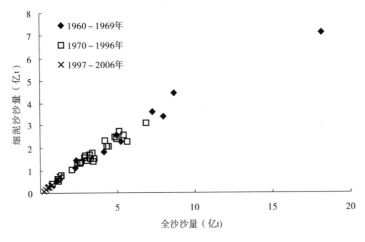

图1-4　吴堡汛期细泥沙与全沙的关系

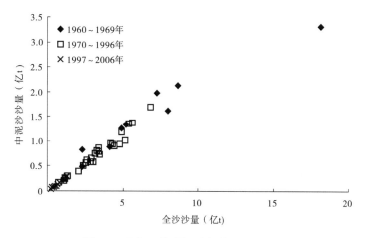

图 1-5　吴堡汛期中泥沙与全沙的关系

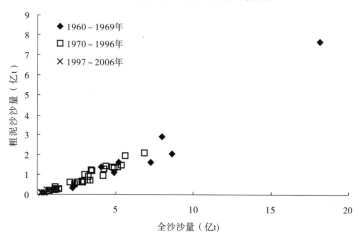

图 1-6　吴堡汛期粗泥沙与全沙的关系

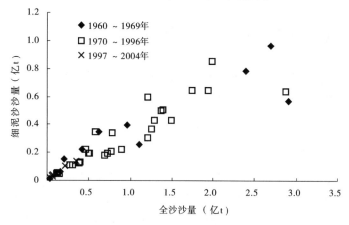

图 1-7　窟野河温家川站细沙与全沙的关系

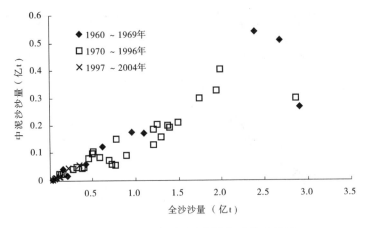

图 1-8　窟野河温家川站中泥沙与全沙的关系

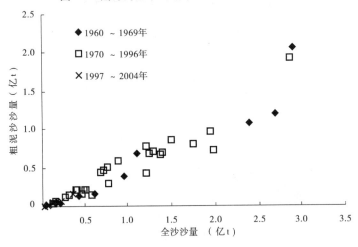

图 1-9　窟野河温家川站粗泥沙与全沙的关系

1.2　二论黄河流域侵蚀产沙特征

黄河泥沙归根结底是来自流域内的土壤侵蚀,因此在研究暴雨产沙规律和水土保持减沙效益时也必须研究流域侵蚀产沙。多年来的研究表明,黄河流域土壤侵蚀有以下特征。

1.2.1　水土流失面积广、强度大

根据国务院 1990 年公布的遥感调查资料,黄河流域黄土高原地区侵蚀模数大于 1 000 t/(km²·a)的轻度以上水土流失面积约达 45.4 万 km²(其中水力侵蚀面积 33.7 万 km²,风力侵蚀面积 11.7 万 km²),占全区总土地面积 64 万 km² 的 70.9%;侵蚀模数大于 5 000 t/(km²·a)强度以上的水蚀面积约为 14.61 万 km²,占全国同类面积的 38.5%;侵蚀模数大于 8 000 t/(km²·a)极强度以上的水蚀面积约为 8.51 万 km²,占全国同类面积的 64.1%;侵蚀模数大于 15 000 t/(km²·a)的剧烈水蚀面积约为 3.67 万 km²,占全国同

类面积的 89%（见表 1-11），局部地区的侵蚀模数甚至超过 30 000 t/（km² · a）。

表 1-11　黄河流域黄土高原地区水土流失面积

省（区）	总面积（km²）	不同级别侵蚀模数水蚀面积（km²）			
		1 000 t/（km² · a）以上	5 000 t/（km² · a）以上	8 000 t/（km² · a）以上	15 000 t/（km² · a）以上
青海	46 536.50	23 253.38	1 451.67		
甘肃	135 573.40	83 681.41	40 962.47	19 511.14	
宁夏	51 800.00	38 452.67	8 408.84	1 834.73	
内蒙古	151 139.90	125 124.27	12 386.54	6 037.78	1 657.19
陕西	133 015.00	88 379.53	45 161.08	42 081.42	25 443.46
山西	97 503.00	75 854.93	31 334.66	14 791.73	9 596.55
河南	27 200.00	19 565.81	6 349.26	848.85	
合计	642 767.80	454 312.00	146 054.52	85 105.65	36 697.20

注：表中水土流失面积来源于 1990 年全国土壤侵蚀遥感普查资料。

据治理程度尚不高的 20 世纪五六十年代实测资料分析，黄河中游多沙粗沙区 21 条主要支流，测控流域面积 10.4 万 km²，其年均输沙模数高达 0.963 万 t/（km² · a）（见表 1-12），其中半数以上的测控流域，其年均输沙模数在 1 万 t/（km² · a）以上，孤山川、佳芦河流域达 2 万 t/（km² · a）以上，窟野河下游神木至温家川区间面积 1 347 km²，仅占窟野河温家川以上流域面积的 15.6%，而该区间年均输沙量却达 5 722.6 万 t（1956～1969年），占全流域同期年均输沙量的 45.9%，输沙模数高达 4.25 万 t/（km² · a），最大年输沙模数可达 8 万 t/（km² · a）（1959 年、1967 年）。

表 1-12　黄河中游多沙粗沙区测控流域 20 世纪五六十年代年降雨量、径流模数及输沙模数

支流	测站	流域面积（km²）	年降雨量（mm）	年径流量（万 m³）	年输沙量（万 t）	径流模数（万 m³/（km² · a））	输沙模数（万 t/（km² · a））	统计年份
浑河	放牛沟	5 461	364.4	27 583.3	2 285.0	5.051	0.418	1955～1969
偏关河	偏关	1 915	371.0	6 473.3	1 943.0	3.380	1.015	1958～1969
皇甫川	皇甫	3 199	366.8	20 719.8	6 079.0	6.477	1.900	1954～1969
北洛河	刘家河	7 325	397.5	26 990.0	9 917.3	3.685	1.354	1959～1969
孤山川	高石崖	1 263	374.0	10 458.9	2 565.3	8.281	2.031	1955～1969
朱家川	下流碛	2 914	429.5	5 653.9	2 836.5	1.940	0.973	1957～1969
岚漪河	裴家川	2 159	484.6	13 261.4	1 752.8	6.142	0.812	1956～1969
蔚汾河	碧村	1 476	407.5	9 363.1	1 498.9	6.344	1.016	1956～1969
窟野河	温家川	8 645	338.2	76 690.0	12 474.1	8.871	1.443	1954～1969

续表 1-12

支流	测站	流域面积（km²）	年降雨量（mm）	年径流量（万 m³）	年输沙量（万 t）	径流模数（万 m³/(km²·a)）	输沙模数（万 t/(km²·a)）	统计年份
秃尾河	高家川	3 254	352.2	42 356.4	3 181.9	13.017	0.978	1956～1969
佳芦河	申家湾	1 121	370.8	10 372.5	2 985.6	9.253	2.663	1958～1969
湫水河	林家坪	1 873	490.3	11 702.4	2 873.1	6.248	1.534	1954～1969
三川河	后大成	4 102	468.7	32 280.0	3 700.5	7.869	0.902	1957～1969
屈产河	裴沟	1 023	465.3	4 778.4	1 479.0	4.671	1.446	1963～1969
无定河	川口	30 217	384.0	153 676.0	20 891.0	5.086	0.691	1957～1969
清涧河	延川	3 468	450.2	15 505.0	4 745.4	4.471	1.368	1955～1969
昕水河	大宁	3 992	494.7	20 628.0	2 731.8	5.180	0.684	1955～1969
延河	甘谷驿	5 891	510.1	23 860.0	6 032.0	4.050	1.024	1953～1969
汾川河	临镇	1 121	543.8	2 601.9	53.8	2.321	0.048	1959～1969
仕望川	大村	2 141	567.4	10 080.7	377.9	4.708	0.177	1959～1969
马莲河	庆阳	10 603	392.7	22 815.6	9 396.9	2.152	0.886	1954～1969
合计（或平均）		103 704	408.1	547 900.5	99 811.6	5.283	0.963	

1.2.2 侵蚀产沙的集中性

黄河流域侵蚀产沙不仅地区集中,而且产沙过程的集中程度也非常突出。据1969 年前人类活动影响较小的 10 年实测资料分析,黄河中游多沙粗沙区 17 条主要支流年内最大 1 日沙量占年沙量的 28.9%,最大 30 日沙量占年沙量的 61.5%,汛期(6～9 月)沙量占年沙量的 97.6%(见表 1-13),可见产沙主要集中于汛期,而且径流量在年内的集中程度与降雨量相近,而略低于降雨量。以上结果是大范围众多流域的平均情况,具体到各个流域,还有一定的差异,径流、泥沙集中性的这种地域差异是与下垫面特性的空间分异分不开的。

表 1-13 黄河中游多沙粗沙区 17 条入黄支流各历时降雨、径流、泥沙在年内权重

项目	X_1/X_a	X_{30}/X_a	X_f/X_a
降雨量	10.8	37.5	73.5
径流量	10.5	33.0	62.9
输沙量	28.9	61.5	97.6

注:X_1、X_{30}、X_f、X_a 分别为年均最大 1 日、最大 30 日、汛期(6～9 月)和年降雨量(径流量、输沙量)。

　　分析产沙的集中性与降雨的关系(见表 1-14),可以看出,每产生 1 t 泥沙,对于最大 1 日降雨而言,平均只需 15.5 m^3 的降雨量或 1.73 m^3 的径流量,然而对年降雨而言,平均则需要 41.41 m^3 降雨量或 4.34 m^3 的径流量。可见,在相同水量条件下,集中降雨所产生的地面侵蚀效应较分散降雨的效应强烈得多。

表 1-14　黄河中游流域面积大于 1 000 km^2 部分支流降雨、径流、泥沙关系

项目	最大 1 日	最大 30 日	汛期(6~9 月)	全年	支流数	面积(km^2)
$P/S(m^3/t)$	15.5	25.5	31.18	41.41	17	64 764
$W/S(m^3/t)$	1.73	2.62	3.19	4.34	16	54 161

注:P、W、S 分别为支流降雨量、径流量、输沙量的时空均值(据 1969 年以前的实测资料统计)。

　　产沙过程的集中性与年内几场暴雨产沙密切相关,从表 1-15 可以看出,黄河中游 5 条小流域平均每年降雨次数 81 次,其中汛期 45 次,而引起土壤侵蚀的侵蚀性降雨,平均每年只有 8 次,只占到年降雨次数的 9.9%。在汛期侵蚀性降雨占其降雨次数的 17.8%,但产沙却占年产沙量的 90% 以上。

表 1-15　黄河中游小流域侵蚀性降雨次数统计

项目 地点	平均降雨次数			侵蚀性降雨次数比值(%)		统计年数
	年	汛期	侵蚀性	侵/年	侵/汛	
羊道沟	80	51	8	10.0	15.7	14
董庄沟	82	43	7	8.5	16.3	10
团园沟	72	44	8	11.1	18.2	7
韭园沟	73	41	7	9.6	17.1	10
小砭沟	96	45	10	10.4	22.2	7
均值	81	45	8	9.9	17.8	9.6

　　进一步分析暴雨产沙关系可以发现,泥沙往往集中于几场大暴雨。据延安、绥德、子洲等地 210 场暴雨产沙资料分析,日降雨量大于 50 mm 的降雨(称为暴雨)都会引起较严重的土壤侵蚀。如韭园沟,占年降雨量 10% 的一场降雨,可产生年沙量 89% 的泥沙。又如砒砂岩区的纳林川,一场暴雨的产沙量可达年沙量的 95%(见表 1-16)。

表 1-16 黄河中游部分流域暴雨量(P_b)、暴雨径流模数(M_{wb})及暴雨输沙模数(M_{sb})

流域	时间 (年-月-日)	P_b (mm)	P_b/P_a (%)	M_{wb} (m³/km²)	M_{wb}/M_{wa} (%)	M_{sb} (t/km²)	M_{sb}/M_{sa} (%)
韭园沟	1956-08-08	45.1	9	19 640	54	4 668	70
	1961-08-01	57.7	10	34 084		14 928	89
王家沟	1969-07-26	87.6	13.7	47 472	87.7	36 455	90.8
延河	1977-07-04	215	43.6	64 165	36.4	15 988	67.2
吕二沟	1962-07-26	74.3		8 934	63	2 416	62
乌兰木伦河	1978-08-31	59.8	11.3	12 589	15.5	12 240	83.6
	1984-07-03	33.6	7.2	4 548	8.6	5 694	70.1
	1985-08-05	80.5	21.9	9 911	12	16 212	81.3
	1989-07-21	45		10 063	26	7 640	95
纳林川	1972-08-19	120	31.5	35 722	67	30 898	95

据天水、西峰、绥德等水土保持科学试验站径流小区观测,6~9月的侵蚀量占年总侵蚀量的90%以上,每年6~9月的降雨径流侵蚀又集中在几次暴雨期,甚至曾出现一次暴雨侵蚀量占年总侵蚀量60%以上,有的高达90%(见表1-17)。

表 1-17 黄河中游水保站观测的一次暴雨侵蚀产沙量

地点	暴雨中心 雨量(mm)	时间 (年-月-日)	时间 (时:分)	洪水		泥沙		测站
				m³/km²	占年总量 比例(%)	t/km²	占年总量 比例(%)	
陕西绥德 韭园沟	45	1956-08-08	02:30	17 680	48.7	4 668	70	沟口
甘肃天水 吕二沟	74.3	1962-07-26	20:45	8 934	62.5	2 416	62.3	沟口
甘肃西峰 董庄沟	99.7	1960-09-01~02	20:57	7 985	56.6	3 105	66.3	沟口
山西离石 王家沟	87.6	1969-07-26	06:00	47 472.5	87.7	36 455.8	90.8	沟口

1.2.3 侵蚀产沙的多变性

黄河中游侵蚀产沙的多变性与黄河中游降雨过程的随机性密切相关,同时还取决于下垫面变化的复杂性。黄河流域水土流失类型多样,成因复杂,黄土丘陵沟壑区、黄土高塬沟壑区、土石山区、风沙区等 9 个类型区水土流失特点各不相同,面蚀、沟蚀、水蚀、风蚀等相互交融,致使侵蚀产沙复杂多变,地域分异性较大。统计黄河中游河龙区间不同地理分区产沙量(见表 1-18)可知,黄河东西两地区产沙差异较大,黄河以东地区面积约为 3.9 万 km²,占河龙区间总面积的 35%,产沙量约为 2.84 亿 t,仅占河龙区间总产沙量的 29%;黄河以西地区面积约为 7.26 万 km²,占河龙区间总面积的 65%,产沙量约为 6.97 亿 t,占河龙区间总产沙量的 71%。从不同地类产沙来看,黄土丘陵区面积占河龙区间总面积的 62%,产沙量却占河龙区间总产沙量的 87%;沙地丘陵区面积占全区面积的 5.6%,产沙量占区间总产沙量的 10.8%,两地类合计面积占区间总面积的 67.5%,产沙量占区间总产沙量的 97.8%,其他地类产沙量较少,仅占区间总产沙量的 2.2%。

表 1-18　河龙区间不同自然地理分区产沙量

自然地理分区	黄河以西地区			黄河以东地区			全区间		
	面积 (km²)	产沙量 (万 t)	产沙模数 (t/(km²·a))	面积 (km²)	产沙量 (万 t)	产沙模数 (t/(km²·a))	面积 (km²)	产沙量 (万 t)	产沙模数 (t/(km²·a))
黄土丘陵区	42 169	57 772	13 700	27 236	27 494	10 095	69 405	85 266	12 285
沙地丘陵区	6 293	10 595	16 836				6 293	10 595	16 836
沙漠草原区	15 231	269	176				15 231	269	176
盖沙区	4 996	870	1 740				4 996	870	1 740
黄土丘陵林区	2 700	35.2	130				2 700	35.2	130
黄土丘陵疏林区	1 173	146	1 241				1 173	146	1 241
石山林区				10 098	637	636	10 098	637	636
土石山林区				1 693	318	1 878	1 693	318	1 878
合计	72 562	69 687	9 604	39 027	28 449	7 290	111 589	98 136	8 794

黄河中游侵蚀产沙多变性的另一特点是沟道重力侵蚀严重。重力侵蚀是指岩体或土体在重力作用下失去平衡而发生位移的过程。重力侵蚀对流域产流产沙过程有非常显著的影响,重力侵蚀活跃的地区土壤侵蚀模数远大于其他地区(Denstnore,1997),张信宝等(1989)在黄土高塬地区的研究也表明,重力侵蚀强度与土壤侵蚀强度的分布基本一致。根据黄土高原地区重力侵蚀发生的力学机制、物质组成特点和规模等可将重力侵蚀分为滑坡、滑塌、崩塌、错落、泻溜和泥流等多种类型,又可根据主要诱发因素分为地表水诱发型、流水淘蚀型及人为因素诱发型等(曹银真,1985;朱同新,1989)。

重力侵蚀在黄土高原小流域土壤侵蚀量中占有相当大的比例。黄河水利委员会西峰、天水、绥德 3 个水保站在南小河沟、吕二沟、韭园沟的调查表明,重力侵蚀占三个典型小流域土壤流失量的比例分别可达 57.5%、68.0% 和 20.2%。蒋德麒等 1966 年对典型小流域分析后认为,在黄土高原丘陵沟壑区,重力侵蚀占流域侵蚀产沙的 20% ~ 25%,在高塬沟壑区占58%左右(黄河水利委员会,1998)。根据室内试验,当坡面细沟发育稳定以后,重力侵蚀量占总侵蚀产沙量的60%以上(韩鹏,2001)。许炯心(1999,2006)根据实测资料研究表明,坡改梯和坡面上植树种草等水土保持措施可以在一定程度上降低沟道径流年平均含沙量,但却不能完全控制高含沙水流的发生,这主要是因为大量泥沙是由沟蚀和沟坡重力侵蚀供给的。随着黄土高原地区植被的恢复,坡面水土流失量减小,切割黄土高原的沟谷侵蚀将会更加突出,成为主要的泥沙来源地之一,而重力侵蚀是黄土沟谷演化的重要动力(松永光平,2007)。重力侵蚀产沙的滞后性,特别是在暴雨洪水作用下集中产沙的特点,影响着来沙的突发性,加剧侵蚀产沙的多变性。

黄河中游水沙来量的多变性具体到各个支流不尽相同,表1-19为黄河中游部分支流不同历时降雨量、径流量、输沙量的倍比关系,可以看出,其径流量、输沙量最大值为最小值的数十倍至一二百倍,而且各历时输沙量年际之间波动幅度远大于同历时降雨量和径流量的波动幅度,历时越短,波动幅度越大。

表1-19 黄河中游部分支流不同历时降雨量、输沙量年际间的倍比关系

河流	窟野河	岚漪河	大理河	黑木头川	海流兔河
测站	温家川	裴家川	青阳岔	殿市	韩家峁
统计年份	1954～1969	1956～1969	1960～1969	1960～1969	1960～1969
流域面积 (km^2)	8 645	2 159	662	327	2 452
P_{1max}/P_{1min}	4.87	5.30	2 077	6.04	5.14
P_{30max}/P_{30min}	6.36	5.54	4.20	5.86	4.93
P_{fmax}/P_{fmin}	8.24	7.07	4.26	8.01	11.53
P_{amax}/P_{amin}	4.96	4.12	3.07	4.23	5.22
W_{1max}/W_{1min}	36.67	78.68	50.66	116.35	33.25
W_{30max}/W_{30min}	8.02	34.58	10.35	23.54	6.29
W_{fmax}/W_{fmin}	20.42	43.85	6.23	9.48	3.34
W_{amax}/W_{amin}	4.65	9.76	2.60	3.44	2.03
S_{1max}/S_{1min}	168.8	214.7	179.2	116.04	490.21
S_{30max}/S_{30min}	105.1	169.0	75.2	114.3	93.73
S_{fmax}/S_{fmin}	88.5	158.4	80.2	154.5	31.47
S_{amax}/S_{amin}	57.6	125.6	47.5	136.8	13.91

注:P_1、P_{30}、P_f、P_a分别表示最大1日、最大30日、汛期、年降雨量;W_1、W_{30}、W_f、W_a分别表示最大1日、最大30日、汛期、年径流量;S_1、S_{30}、S_f、S_a分别表示最大1日、最大30日、汛期、年输沙量。

1.2.4 侵蚀产沙时空变化的复杂性

若把侵蚀产沙的着眼点放在流域内部,则坡面与沟谷坡的侵蚀产沙具有明显差异。

根据张信宝等用土壤中放射性同位素 ^{137}Cs 的多寡测量坡沟侵蚀产沙量成果,清涧河流域赵家沟,流域面积 3.86 km^2,沟间地、沟谷地平均面积分别占流域面积的 53% 和 47%,流域地表组成物质主要为马兰黄土(Q_3)、老黄土(Q_{1-2})出露沟谷两侧沟间地,沟缘线以下分别出露黄土、红土和基岩。利用以下混合式求得沟间地和沟谷地相对侵蚀产沙量。

$$C_d = C_m f_m + C_g f_g \tag{1-1}$$

$$f_m + f_g = 1 \tag{1-2}$$

式中:C_d 为沉积物 ^{137}Cs 含量,B$_q$/kg;C_m 为沟间地产出泥沙 ^{137}Cs 含量,B$_q$/kg;f_m 为沟间地相对产沙量(%);C_g 为沟谷地产出泥沙 ^{137}Cs 含量,B$_q$/kg;f_g 为沟谷地相对产沙量(%)。

　　根据在赵家沟的测定,淤地坝内沉积物泥沙 ^{137}Cs 含量为 1.06 B$_q$/kg。流域不同土地类型表层土壤和重力侵蚀堆积物 ^{137}Cs 含量列于表 1-20。根据峁顶农地和峁坡农地面积和耕作土平均 ^{137}Cs 含量,求得梁峁坡耕作土的加权平均 ^{137}Cs 含量为 3.83 B$_q$/kg,谷坡裸坡表层和重力侵蚀堆积物的平均 ^{137}Cs 含量为 0.02 B$_q$/kg。将以上数据代入式(1-1)、式(1-2),求得沟间地和沟谷地相对产沙量分别为 27.3% 和 72.7%。同样方法在北洛河支流周河杨家沟测定,求得沟间地侵蚀量占 29%,沟谷地侵蚀量占 71%,也就是说,黄土丘陵沟壑区第一副区泥沙主要来自沟谷地。

表 1-20　赵家沟流域不同土地类型表层及重力侵蚀堆积物 ^{137}Cs 含量

地貌类型	原地土壤和土壤类型	占流域面积比例(%)	样品数目 n	^{137}Cs 含量(B$_q$/kg)		侵蚀特征和估计侵蚀速率(t/(km^2·a))
				范围	平均	
沟谷地	谷坡草地表层土壤	21	8	3.10~13.03	6.97	轻微面蚀、细沟侵蚀(500)
	谷坡陡坡地耕作层	2	7	0.04~3.38	1.17	极强烈面蚀、细沟侵蚀(1 585.1)
	谷坡裸坡表层土壤和重力侵蚀堆积物	19	7	0~0.15	0.02	裸坡上面蚀,细沟侵蚀极强烈,冲沟侵蚀、重力侵蚀活跃
	村寨、道路、阶地、农耕地、沟床	5				
沟间地	峁顶农地耕作层	14	36	2.73~7.95	6.43	较强烈面蚀、细沟侵蚀(4 158)
	峁坡农地耕作层	36	32	0.35~4.45	3.4	强烈面蚀、细沟侵蚀(8 584)
	草地等	3				

　　若把地面侵蚀产沙与土地利用类型联系起来分析(见表 1-21),可以看出,地面侵蚀产沙与土地利用类型有很大关系,从农耕地到牧荒坡,再到陡坡、陡崖,再到道路、村庄、沟

床,其侵蚀模数渐次增大。

表 1-21 黄土丘陵沟壑区典型小流域不同类型土地侵蚀模数

(单位:万 t/(km² · a))

流域	流域面积(km²)	侵蚀模数	农耕地		牧荒地		陡坡、陡崖		道路、村庄、沟床	
			占总面积(%)	侵蚀模数	占总面积(%)	侵蚀模数	占总面积(%)	侵蚀模数	占总面积(%)	侵蚀模数
王家沟	9.1	1.38	61.8	1.17	20.0	1.24	15.1	2.12	3.1	2.82
韭园沟	70.1	1.81	66.7	1.61	8.1	1.95	20.8	2.19	4.4	2.85

注:据蒋德麒等。

若从侵蚀产沙随时间的变化进行分析,由于土地利用类型面积结构和地面特性随着流域开发和治理水平的不断提高而发生变化,因此 20 世纪 70 年代以来,黄河中游多沙粗沙区主要支流降雨径流系数和降雨产沙量明显减小(见表 1-22),从表列成果可以看出,1969 年前,每产生 1 m³ 泥沙平均只需 49.44 m³ 降雨量或 5.49 m³ 径流量,而到了 20 世纪 80 年代,每产生 1 m³ 泥沙所需的降雨量却增加了一倍,所需的径流量亦增加了约 60% 。至于 20 世纪 70 年代,由于降雨变率较大,暴雨集中,而地面产沙效应对暴雨十分敏感,故产生单位沙量所需的水量明显较其他年代为低。

表 1-22 黄河中游多沙粗沙区面积逾 1 000 km² 的 21 条支流年均降雨量及年均输沙量

时段	P_a(亿 m³)	W_a(亿 m³)	S_a(亿 t)	W_a/P_a(%)	P_a/S_a(m³/t)	W_a/S_a(m³/t)
1969 年前	493.5	54.8	9.98	11.1	49.44	5.49
1970~1979 年	447.3	44.7	9.6	10	46.59	4.65
1980~1989 年	423.2	35.3	4.16	8.34	101.73	8.49

注:P_a 为流域平均降雨量;W_a 为年均径流量;S_a 为年均输沙量。

综上所述,多年来的研究表明,黄河中游侵蚀产沙特征并没有发生根本性改变。

1.3 三论侵蚀产沙与洪水泥沙灾害的相关性

目前,黄河流域洪水泥沙灾害的发生和发展都可直接或间接归因于流域严重的土壤侵蚀。

黄河洪灾,一直是中华民族的心腹之患。黄河自古多泥沙,且起源于地质时期,但随着黄土高原人口的增加、森林砍伐、不合理开垦等,土壤侵蚀不断加剧,黄河下游的灾害频率也随之剧增。据统计,早在秦汉以前的 2 000 年间,黄河淹、决、徙平均每百年仅 0.4 次,秦汉时期增至每百年 5.7 次,唐宋以后则剧增至每百年 117.3 次,到了 1912~1936 年,每百年增至 429.2 次,1949 年前的 2 000 年间,洪水灾害由每百年 3~5 次发展为 10~25 次,平均 8 次。人民治黄以来,取得了黄河长期安澜的局面,但也应当清醒地看到,黄河的洪水泥沙并没有得到有效控制,下游防洪仍面临着险恶局面。如 1996 年 8 月洪水,花园口洪峰流量 7 600 m³/s,仅是 2~3 年一遇的中常洪水,但其洪水位比 1958 年 22 300

m^3/s 洪水水位还高 0.91 m,是新中国成立以来洪水位最高、漫滩范围最大、灾害损失最严重的一年。据统计,洪水淹没土地 23 万 hm^2,倒塌房屋 11.6 万间,受灾人口 107 万,造成了"小洪水、高水位、大漫滩"的不利局面。分析造成灾害的原因,主要是黄河下游来水来沙条件发生了较大变化,主河槽淤积加重。20 世纪 80 年代以来,黄河下游来水偏枯,加之流域内外引黄用水量快速增加,下游断流频繁。1986 年龙羊峡、刘家峡水库联合运用后,下游来水过程发生了变化,汛期水量由过去的 60% 减少到 45%,非汛期水量由过去的 40% 上升为 55%,这种变化对缓解下游断流有有利的一面,但对河道输沙却产生了不利影响,下游河道淤积加重,1986~1997 年年平均淤积 2.5 亿 t,主槽淤积量占 71%。由于主槽淤积加重,滩槽高差减小,河槽过洪能力降低,平滩流量减小。很显然,黄河下游防洪形势的严重性,在于泥沙大量淤积河道,河床不断抬高。目前,现行河道滩面高出背河 4~6 m,局部河段高出 10 m 以上。大量研究证明,历史上黄河下游的洪水灾害,虽然原因很多,但最根本的原因是黄土高原植被的破坏与水土流失的加剧。因此,大力开展水土保持,是减轻土壤侵蚀和减少入黄泥沙的根本措施。

黄河流域作为我国北方地区最大的供水水源,以其占全国河川径流量 2% 的有限水资源,承担着本流域和下游引黄灌区占全国 15% 的耕地面积和 12% 人口的供水任务,同时还承担着向流域外部分地区远距离调水的任务。随着沿黄工农业和社会经济的发展,水资源供需矛盾日益突出,枯水年份表现得尤为明显。进入 20 世纪 90 年代以来,黄河下游河道频繁断流就是黄河水资源供需失衡的集中表现。这种情况在造成局部地区生活、生产供水困难的同时,使输沙用水得不到保证,主河槽淤积严重,排洪能力下降,增加防洪难度和洪水威胁。为了减轻下游河道的淤积,每年还需用 150 亿 m^3 左右的汛期水量冲沙。由此可见,土壤侵蚀带来的泥沙问题,加重了水资源的供需矛盾。

黄河流域生态环境恶化问题,突出表现在黄土高原地区的水土流失和黄河干支流水污染等方面。黄土高原严重的水土流失不仅造成了黄土高原地区贫困,制约了经济社会的可持续发展,而且加剧了干旱、荒漠化的发展和其他灾害的发生,也加重了黄河浑水中重金属和有机物的污染,更为严重的是大量泥沙淤积在下游河道,使河床不断抬高,成为地上悬河,大大加剧了洪水威胁。水污染是黄河出现的新的重大环境问题,20 世纪 90 年代初,进入黄河的废污水排放量达 42 亿 t,与 80 年代初相比增加了一倍。大量未处理或未达标排放的废污水进入黄河,使水质呈急剧恶化之势。泥沙对黄河水质影响巨大,成为黄河居首的天然污染物,同时对人为排入黄河的众多污染物(特别是重金属、有毒有机物和放射性核素)都具有吸附效应而成为污染物的载体,从而呈现为泥沙对黄河水质影响具有突出性的"两重性"特点。

黄河面临的问题之所以突出,主要是由黄河"水少、沙多"的特点所决定的。"水少"不仅造成严重的缺水甚或断流,加剧干旱发展,而且使水体环境容量减小,易被污染,同时由于输沙用水得不到满足而加剧河道淤积;严重的水土流失造成的"沙多",既是黄河下游悬河局面严峻的根源,又限制了水资源的有效利用。

综核史籍,略加区分,则可明显看出河患与土壤侵蚀的关系。据陕西师范大学史念海教授的研究,黄河既有安流时期,也有河患频繁时期。黄河能够有长期安流的局面,主要是由于中游各地森林草原没有受到很大破坏,侵蚀不甚显著,随水流而下的泥沙不多,商周至嬴秦一千多年基本上就是这种情况。东汉以后，由于游牧部落大量迁入黄河中游，许多地方又复变为草原，黄河中游平原各地的森林这时虽有破坏，但山地森林破坏却不多，由于植被良好，侵蚀也不甚显著，加之王景治河的功绩，故也能维持八百年的安流局面。而河患频繁的时期并非如此，自秦始皇统一六国，就曾大举徙民于黄河中游北部各地，开垦草原，改为农田。秦代历史短促，影响还不显著，西汉继之，所改变的更多，影响很快显现。泾河本是一条清河，此时已一石水就含泥数斗。泾河流域的改变只是其中一部分，其他各地也相仿佛。由于河水中挟带的泥沙过多，不仅当时河患频繁，黄河下游许多河段也已成为悬河。唐宋时期虽未多事滥垦，然森林破坏却有增无减。无定河本来叫作奢延水，也叫作朔水，水流可能是清的，内蒙古和陕北森林被破坏，使无定河的泥沙陡增，而无定河的得名也就是从这时开始。中游植被破坏既多，下游的决溢也就日益频繁。明代中叶以后，黄河中游的森林受到毁灭性的破坏，这一时期又大举垦荒，无论是沟壑坡地，还是丘陵山区，只要力之所及，便都广种薄收，所造成的严重后果，实远超于秦汉和唐宋诸王朝，而河患的频繁程度也为历代所不及。由此不难看出，缺乏植被的丘陵沟壑地貌，是激发自然灾害和加剧灾情发展的基础，人类活动破坏植被，加速侵蚀是致灾的直接原因。

总之，黄河诸多问题的症结在于侵蚀产沙，因此加强水土保持，恢复和重建植被，改善生态环境，控制土壤侵蚀，减少入黄泥沙，是治理黄河，造福于中华民族的一项根本措施。

参 考 文 献

[1] 钱宁，王可钦，阎林德，等. 黄河中游粗泥沙来源区对黄河下游冲淤的影响[C]. //河流泥沙国际学术讨论会论文集. 北京：光华出版社，1980.

[2] 唐克丽. 黄河流域的侵蚀与径流泥沙变化[M]. 北京：中国科学技术出版社，1993.

[3] 姚文艺，徐建华，冉大川，等. 黄河流域水沙变化情势分析与评价[M]. 郑州：黄河水利出版社，2011.

[4] 黄河水利委员会黄河中游治理局. 黄河水土保持志[M]. 郑州：河南人民出版社，1993.

[5] 张信宝. ^{137}Cs 法测算梁峁坡农耕地土壤侵蚀量初探[J]. 水土保持学报，1988(8).

[6] 张胜利，李倬，赵文林，等. 黄河中游多沙粗沙区水沙变化原因及发展趋势[M]. 郑州：黄河水利出版社，1998.

第 2 章　黄河中游暴雨洪水
产流产沙回顾评价

暴雨洪水既是黄河水资源的重要组成部分,又是黄河洪水、泥沙灾害的根源之一,因此研究黄河水沙利用和水沙变化应着重研究暴雨产流产沙。

2.1　黄河中游暴雨

气象部门把日降雨量大于 50 mm 的降雨称为暴雨,日降雨量大于 100 mm 的降雨称为大暴雨,大于 200 mm 的降雨称为特大暴雨。研究表明,黄河中游是我国高强度暴雨多发地区之一,大暴雨带作东南西北向和西南东北向交叉分布,其成因受环流条件、水汽输送和地势变化影响。黄河中游是东南西北向暴雨带最偏向内陆的主暴雨区,位于黄河中游多沙粗沙区的陕北榆林、神木一带,是局部暴雨中心,其主要原因:一是盛夏此处位于副高压边缘的西风急流南侧,并恰好处于平均槽附近,有利于空气辐合上升而产生降雨;二是当副高压达到最北位置时,南缘暖湿气流不断将水汽输送到此处,提供大量水汽并产生盛夏冷暖空气交绥;三是此区植被较少,白天地温高,对大气加热作用显著。此外,由于沟谷的影响,地面上不同地点热力差异也会导致大气结构的不稳定。上述多种因子的相互作用,导致这一地带极易形成暴雨中心。如 1662 年 9 月 20 日至 10 月 6 日,黄河中游曾出现一场持续 17 d 的大暴雨,这样长时间的高强度暴雨,不但在现已查明的黄河流域暴雨中居第一位,在中国北方各河流已查清的 39 场大暴雨中也居第一位;又如,1977 年 8 月 1 日发生在内蒙古乌审旗的一场特大暴雨,暴雨中心 10 h 最大点雨量达 1 400 mm,超过法属留尼旺岛同历时最大点雨量世界纪录;又如,1989 年 7 月 21 日,出现在内蒙古准格尔旗田圪坦的一场暴雨,历时 15 min 的雨量达 106 mm,创中国北方同历时最高雨量记录。1994 年 8 月 4~5 日,无定河大暴雨,主雨区在流域的子洲、绥德一线,暴雨中心义合镇雨量 180 mm,绥德站 6 h 雨量 144.2 mm,2002 年 7 月 4~5 日,清涧河上游发生特大暴雨,子长水文站实测降雨量 283 mm,最大 24 h 雨量 274.4 mm(见表 2-1)。

按照张汉雄拟定的黄土高原暴雨标准,统计黄河中游一些观测站的暴雨发生频率(见表 2-2),可以看出,年平均暴雨次数 3.6~5.3 次,年最多暴雨次数达 12 次。暴雨主要集中在 6~9 月,占暴雨总数的 84.8%~90.6%;降雨历时小于 60 min 的占 44%~58.4%,小于或等于 180 min 的占 71.3%~78.9%。

由此可以得到这样的认识,这一地区不仅暴雨量大、强度高,而且出现频率也较高。

表 2-1 黄河中游地区部分暴雨中心最大点雨量

地点	准格尔旗	平遥	子洲	靖边	招安	平遥
时间(年-月-日)	1989-07-21	1977-08-05	1994-08-05	1994-08-05	1977-07-05	1977-08-05
历时(h)	0.25	1	2	3	6	6
雨量(mm)	106	81	120	134	125.5	239
地点	绥德	乌审旗	横山	平遥	子长	
时间(年-月-日)	1994-08-05	1977-08-01	1994-08-05	1977-08-05	2002-07-05	
历时(h)	6	10	12	24	24	
雨量(mm)	144.2	1 400	150	348	274.4	

表 2-2 黄河中游部分测站暴雨频率统计

测站	年数	暴雨总次数	6~8月暴雨		年平均次数	最多年次数	不同历时暴雨占总暴雨比例(%)	
			次数	占总次数(%)			≤60 min	≤180 min
榆林	26	94	82	87.2	3.62	9	44.0	78.9
延安	25	132	112	84.8	5.28	11	50.0	74.6
兴县	24	115	98	85.2	4.79	12	58.4	71.3
西峰	24	96	87	90.6	4.00	9	49.0	72.3

表 2-3 为黄河中游典型支流特大暴雨洪水特征，由表列成果可以看出，日雨量大于 50 mm 的暴雨一般 1~2 年发生一次，日雨量大于 100 mm 的暴雨一般 6~9 年发生一次，个别支流(如窟野河)发生频率更高。支流洪水一般峰高量小、暴涨暴落、变率较大为其主要特征，并且一次洪水总量占全年净流量的比例很大，如窟野河 1977 年 8 月一次洪水总量占年水量的 42%。同时，洪峰流量比较大，窟野河、皇甫川、孤山川等主要支流实测最大洪峰流量分别达到 14 100 m³/s(1959 年)、10 600 m³/s(1989 年)和 10 300 m³/s(1977年)。

表 2-3 黄河中游典型支流特大暴雨洪水特征

流域	时段降雨量(mm)		平均出现频次(年/次)		最大次暴雨洪水				经常出现的暴雨中心位置
	最大1 min	最大1 h	>50 mm	>100 mm	中心雨量(mm)	最大雨强(mm/h)	洪峰流量(m³/s)	时间(年-月-日)	
皇甫川		181	2	6.15	136	181	10 600	1989-07-21	纳林川附近
孤山川	18.3	60	1.25	6.5	210	21	10 300	1977-08-02	新民一带
窟野河		60		2.7	205.5	34.3	14 100	1959-08-03	大柳塔、神木附近
秃尾河			1.7	8.5	160.8		840	1966-07-29	高家堡附近
佳芦河					242.5		5 770	1970-08-02	王家砭
无定河		58			180	58	3 200	1994-08-05	子洲、绥德一线

2.2　黄河中游洪水

2.2.1　黄河中游支流部分调查历史洪水

2.2.1.1　河龙区间主要支流调查历史洪水

1996 年由黄河水利委员会水文局编著出版的《黄河水文志》根据有关调查成果归纳汇总了黄河流域暴雨洪水等研究成果。现根据《黄河水文志》将黄河河龙区间主要支流历史洪水调查成果简介于下：

（1）湫水河。在林家坪站调查到的大洪水年份是 1875 年及 1951 年，1875 年洪峰流量为 5 680 m^3/s，1951 年洪峰流量为 2 460 m^3/s。

（2）蔚汾河。在河口任家湾调查到的大洪水年份是 1917 年、1951 年，以 1917 年洪水最大，估算洪峰流量 1 100 m^3/s，1951 年洪峰流量为 520 m^3/s。

（3）秃尾河。在高家村调查到的大洪水年份是 1949 年，估算洪峰流量为 4 080 m^3/s。

（4）佳芦河。在申家湾站调查，大洪水年份是 1951 年、1942 年，1951 年洪峰流量为 3 220 m^3/s，1942 年洪峰流量为 2 600 m^3/s。

（5）窟野河。在温家川站调查发现的最大洪水年份为 1946 年，估算洪峰流量为 18 200 ~ 20 000 m^3/s。

（6）无定河。在绥德站调查，取得的大洪水年份有 1919 年、1932 年及 1933 年，其中以 1919 年洪水最大，估算洪峰流量 16 000 m^3/s，1932 年洪峰流量 11 900 m^3/s，1933 年洪峰流量 10 520 m^3/s。

（7）清涧河。在延川站调查，历史洪水年份有道光年间、1913 年及 1933 年，以道光年间洪水最大，估算洪峰流量为 7 350 m^3/s，1913 年洪峰流量为 6 550 m^3/s，1933 年洪峰流量为 4 060 m^3/s。

（8）三川河。在琵琶村调查，发现的历史大洪水年份有 1875 年、1942 年及 1933 年，以 1875 年洪水最大，估算洪峰流量为 4 950 m^3/s，1942 年估算洪峰流量为 3 230 m^3/s，1933 年洪峰流量为 3 010 m^3/s。

（9）延水。在甘谷驿调查，发现的历史大洪水年份有 1933 年、1942 年，以 1933 年洪水最大，估算洪峰流量为 3 180 m^3/s。

2.2.1.2　泾、洛、渭、汾河历史洪水调查成果

（1）泾河。泾河洪水调查共进行过 4 次，第一次调查了泾河干流 4 个河段，即泾川水文站、宋家坡水文站（蔡家嘴坝址）、杨家坪水文站和亭口水文站。泾川站洪水年份有 1900 年、1945 年，以 1900 年洪水最大，估算洪峰流量 3 250 m^3/s；蔡家嘴河段调查到的洪水年份有 1911 年、1901 年，以 1911 年洪水最大，估算洪峰流量 5 940 m^3/s；杨家坪水文站洪水发生年份有道光年间、1911 年及 1901 年，道光年间的大洪水具体年份群众说不清楚，也无洪痕，1911 年估算洪峰流量 11 600 m^3/s；亭口河段洪水年份有 1841 年、1911 年、1901 年及 1933 年，以道光二十一年（1841 年）洪水最大，估算洪峰流量 15 200 m^3/s。

（2）北洛河。为编制北洛河流域规划，1957 年 4 月、5 月间进行了一次全流域调查。

调查的主要成果是:吴起镇的最大洪水为 1855 年,洪峰流量 8 350 m³/s;湫头站调查最大洪水是 1855 年,洪峰流量 10 360 m³/s。

(3)渭河。根据渭河流域规划的需要,于 1957 年 5 月初,对渭河全流域进行了洪水调查。通过调查发现,由于本流域呈东西向狭长带状,因此很多年份洪水多系局部大水,全流域普遍涨水的有 1933 年、1954 年。咸阳河段最大洪水发生在光绪二十四年(1898年),估算洪峰流量 10 000 m³/s,其次是 1954 年实测的洪峰流量 7 220 m³/s,排第 3 位的是 1933 年洪峰流量 5 800 m³/s。

(4)汾河。1955 年河津水文站进行了测站附近河段的洪水调查,调查到的大洪水发生年份有 1895 年、1933 年及 1936 年,以 1895 年洪水最大,1936 年次之。

此外,王国安在《黄河洪水》(黄河水利委员会水文局研究所,1982 年 10 月)一文中整理的黄河中游主要支流最大洪水见表 2-4。

表 2-4 黄河中游主要支流最大洪水成果

河名	地点	河长 (km)	流域面积 (km²)	洪峰流量 (m³/s)	发生时间		
					年	月	日
皇甫川	皇甫	127	3 199	8 400*	1972	7	19
窟野河	温家川	235	8 645	15 000	1946	7	18
湫水河	林家坪	109	1 873	7 700	1875	7	17
三川河	后大成	152	4 102	5 600	1875	7	17
无定河	绥德	379	28 719	11 500	1919	8	6
延水	甘谷驿	172	5 891	9 050*	1977	7	6
渭河	咸阳	610	46 856	11 600	1898	8	3
泾河	张家山	397	43 216	18 700	道光年间		
北洛河	湫头	548	25 154	10 700	1853	7	29

注:带 * 者为实测洪水。

2.2.2 黄河中游主要支流实测洪水

2.2.2.1 河龙区间主要支流实测洪水

表 2-5 为黄河河龙区间主要支流 1954~2010 年历年实测最大洪水,可以看出,近十几年来各支流洪水明显减小,但到 2010 年以后暴雨洪水又时有发生,例如湫水河 2010 年最大洪水 2 300 m³/s,又如多年未有洪水的佳芦河 2012 年 7 月 27 日最大洪水 1 820 m³/s。

表 2-5　黄河中游主要支流历年最大洪峰流量统计　　　　　（单位：m³/s）

年份	皇甫川（皇甫）	窟野河（温家川）	无定河（川口）	清涧河（延川）	孤山川（高石崖）	佳芦河（申家湾）	秃尾河（高家川）	延水（甘谷驿）	三川河（后大成）	湫水河（林家坪）	昕水（大宁）
1954	2 160	7 780		750	2 670			1 150		851	
1955	880	649		231	235			266		1 090	
1956	1 420	1 350	2 970	2 500	1 500		298	2 000	769	680	559
1957	1 200	2 460	1 340	1 050	616	315	652	939	1 590	203	798
1958	1 060	2 760	1 870	1 890	606	3 980	2 040	536	2 260	1 340	408
1959	2 900	10 000	2 970	6 090	2 730	770	2 720	1 230	2 910	1 710	2 840
1960	800	760	810	1 060	782	154	153	853	200	722	1 260
1961	1 930	8 710	1 450	475	885	1 270	510	519	478	1 370	941
1962	594	1 090	418	515	97	250	127	230	2 770	1 400	669
1963	630	715	2 250	269	336	1 670	445	411	920	1 750	890
1964	1 290	4 100	3 020	4 130	3 990	1 870	2 090	1 910	900	790	1 940
1965	168	171	762	245	178	128	120	713	545	301	1 150
1966	1 620	8 380	4 980	4 110	1 190	1 290	840	2 480	4 070	1 730	250
1967	2 650	6 630	1 630	1 790	5 670	2 320	2 170	664	2 750	3 670	925
1968	818	3 010	980	798	526		1 520	1 180	395	1 270	412
1969	747	1 620	1 110	3 530	1 700	1 090	950	2 410	2 860	1 080	564
1970	1 830	4 450	2 200	1 070	2 700	5 770	3 500	908	1 090	2 760	2 880
1971	4 950	13 500	1 770	1 600	2 430	2 430	2 760	1 450	350	430	491
1972	8 400	6 260	970	1 050	668	885	457	861	820	1 480	615
1973	3 000	3 230	732	1 870	2 800	494	1 360	1350	585	733	1 020
1974	1230	1 880	944	550	782	335	2 880	545	811	2 560	470
1975	588	1 690	496	275	105	902	634	804	870	534	253
1976	2 270	14 000	336	138	2 330	336	650	269	621	1 070	2 350
1977	2 260	8 480	3 840	4 320	10 300	365	875	9 050	1 350	1 860	500
1978	4 120	11 000	1 910	3 630	867	338	636	566	816	1 460	1 820
1979	5 990	6 300	562	865	2 310	91	81	1 070	990	283	451
1980	629	275	473	920	137	528	562	295	171	391	816
1981	5 120	2 630	1 090	212	1 430	251	119	453	345	1 570	277
1982	2 580	2 110	992	680	247	222	310	455	170	209	964
1983	1 010	1 320	280	402	396	67.3	68.5	946	205	163	248
1984	2 700	5 640	849	267	837	164	110	738	169	355	141
1985	2 070	4 820	778	170	1 270	293	406	731	485	996	144
1986	315	887	572	249	361	269	422	339	427	405	394
1987	167	1 380	1 760	1 130	335	541	417	1 270	1 160	583	42.1
1988	6 790	3 190	1 240	1 220	2 880	614	1 630	870	1 160	1 110	340
1989	11 600	9 480	614	1 540	1 980	132	681	2 150	446	1 630	1 280
1990	1 800	1 460	482	1 690	135	231	1 240	841	837	246	108
1991	1 420	5 020	1 110	1 800	2 320	238	660	522	538	804	305
1992	4 700	10 500	800	730	3 010	630	486	1 360	235	385	422
1993	575	364	454	734	513	275	510	3 150	179	113	530
1994	2 590	6 060	3 220	2 800	2 410	1 130	1 460	2 220	1 680	594	1 170
1995	710	2 210	2 960	2 790	513	606	1 330	569	308	724	625
1996	5 110	10 000	1 110	2 170	1 030	408	1 050	2 450	450	523	615
1997	1 190	3 050	779	324	1 220	378	995	384	158	800	559
1998	2 130	3 630	1 960	2 310	786	316	1 330	896	227	700	146
1999	402	96.5	371	578	88.7	244	123	248	164	726	417
2000	1 430	224	384	575	401	75.2	196	232	671	1260	61.5
2001	1 500	668	3 060	877	804	582	378	1 120	15.7	91.5	275
2002	1 330	338	624	5 540	290	201	70.0	1 880	152	208	455
2003	6 700	2 600	231	379	2 910	23.6	167	263	302	600	246
2004	2 110	1 420	770	1 580	214	81.4	435	20	284	420	504
2005	273	279	216	270	243	22.8	207	598	29.9	157	253
2006	1 830	145	1900	410	975	346	1 010	133	289	432	130
2007	211	520	706	253	215	217	98.9	86.4	92.0	160	141
2008	362	90	172	44.7	140	139	91	89.9	38.9	78.1	15.1
2009	753	40	494	131	30.7	16.8	66.4	124	82.5	36.6	27.7
2010	558	189	487	127	22.7	4.61	199	335	1 160	2 300	91.3

表2-6 为河龙区间典型支流不同流量级洪水发生年数统计,可以看出,皇甫川、孤山川、窟野河发生2 000 m³/s以上洪水的年数明显高于其他支流,发生5 000 m³/s以上洪水的年数也以皇甫川、窟野河居多。

表2-6　河龙区间典型支流不同流量级洪水发生年数统计(1954~2007年)

支流	站名	控制面积 (km²)	各级流量发生年数		
			5 000 m³/s以上	2 000~5 000 m³/s	2 000 m³/s以下
皇甫川	皇甫	3 190	7	15	32
孤山川	高石崖	1 263	2	13	39
窟野河	温家川	8 645	17	14	23
秃尾河	高家川	3 253	0	7	47
佳芦河	申家湾	1 117	1	3	50
无定河	白家川	24 500	1	11	42

2.2.2.2　佳芦河、孤山川特大暴雨产流产沙

1. 佳芦河特大暴雨洪水产流产沙

1970年8月2日,佳芦河申家湾水文站发生特大洪水,这是由于佳芦河流域普降大暴雨,流域平均降雨量达127 mm,暴雨中心在王家砭,7月31日20时至8月1日2时降雨量62.0 mm,坝库有较多蓄水,接着8月1日2~8时降雨量70.4 mm,14~20时降雨量40.5 mm,8月2日2~8时又降雨69.0 mm,因而形成8月2日6时佳芦河申家湾站发生5 770 m³/s特大洪水。

该年年鉴(黄河流域水文资料,1970年第三册)这样记载:"1970年8月1~2日暴雨,佳县境内(占佳芦河流域面积的80%以上)冲毁了淤地面积2 hm²以上淤地坝22座和蓄水量1万m³以上的蓄水淤地坝2座,其中方坦乡王家湾蓄水坝(流域面积13.3 km²,库容73.5万m³),暴雨前蓄水约8万m³,7月31日至8月1日凌晨,该处降暴雨100多mm,库内水位猛增16 m,8月2日再降暴雨,库满(推算其蓄水量约100万m³)洪水漫顶下泄,大坝整个溃决,以10 m高水头奔泻而下与佳芦河洪水相遇。另据调查,这次洪水佳县境内共冲毁水地80 hm²,淤地坝248道,滚水坝7座,是形成该年佳芦河历史特大洪水(申家湾站最大流量5 770 m³/s)的因素之一。"该年径流量1.69亿m³,输沙量0.77亿t,为有实测资料以来最大值。

2. 孤山川特大暴雨产流产沙

1977年8月2日孤山川高石崖发生特大洪水,这是由孤山川流域自西向东普降暴雨所致。孤山川新庙雨量站8月1日21.5时至2日2时降雨42.0 mm,2日2~7时降雨170 mm。据该年年鉴(黄河流域水文资料,1977年第三册)这样记载:"内蒙古自治区什拉淖海8月1日、2日的暴雨向东北伸向孤山川流域,在这个流域内形成两个暴雨中心,三道川和木瓜川乡雨量分别为210 mm及205 mm,自1日2~8时为一次降水,但雨量不大,从2日零时前后8小时降水量达150 mm,这次暴雨的特点是暴雨中心在孤山川流域的中下游,雨强大,分布均匀,全流域平均雨量144 mm,暴雨走向基本上是从上游到下游,有利于暴洪汇流集中,加上垮坝流量,造成高石崖站8月2日8.8时出现洪峰流量为

10 300 m³/s 的特大洪水,洪峰流量模数竟达 8.2 m³/(km²·s)。据木瓜、新民、孤山、三道沟四个乡不完全统计,共有大小库坝 600 多座,被这次洪水冲垮的就有 500 多座,以木瓜乡最为严重,498 座库坝中,就有 491 座溃决,5 座 100 万 m³ 以上水库被冲垮,造成严重的洪水灾害。"该年径流量 2.07 亿 m³,输沙量 0.839 亿 t,为历年之最。

2.2.3　黄河干流龙门洪水

2.2.3.1　龙门水文站流量大于 10 000 m³/s 的洪水

表 2-7 为龙门水文站洪水流量大于 10 000 m³/s 洪水来源及河龙区间年输沙量。从表列成果可以看出,新中国成立以来,龙门站大于 10 000 m³/s 洪水共发生 18 次,最大洪峰流量 21 000 m³/s(1967 年),河龙区间年输沙量 21.43 亿 t。洪水主要来自皇甫川、孤山川、窟野河、秃尾河、佳芦河、无定河等多沙粗沙支流,其中又以窟野河、皇甫川最多,说明黄河中游暴雨多发地区也是洪水多发地区。

表 2-7　龙门水文站洪水流量大于 10 000 m³/s 洪水来源及河龙区间年输沙量

年份	干流龙门 (m³/s)	支流最大洪峰流量(m³/s)						河龙区间年输沙量(亿 t)
		皇甫川	孤山川	窟野河	秃尾河	佳芦河	无定河	
1958	10 800(7.13)			2 760(7.13)	2 040(7.13)	3 890(7.13)	1 840(7.13)	15.93
1959	12 400(7.21)			8 760(7.21)	2 720(7.21)			18.78
1959	11 300(8.4)	2 900(8.3)	2 730(8.3)	10 000(8.3)				
1964	17 300(8.13)	1 000(8.12)	3 990(8.12)	4 100(8.12)	2 090(8.12)	1 870(8.12)	950(8.13)	14.23
1966	10 100(7.29)	1 620(7.28)	1 190(7.28)	8 380(7.28)			1 500(7.26)	15.31
1967	15 300(8.7)	2 650(8.5)	5 670(8.6)	6 630(8.6)				21.43
	21 000(8.11)	1 300(8.10)	2 140(8.10)	4 250(8.10)			1 130(8.10)	
	14 900(8.20)			3 370(8.20)	2 170(8.20)	1 940(8.20)		
1967	14 800(9.2)	2 160(9.1)	2 070(9.1)	6 500(9.1)	1 000(9.1)		1 630(9.1)	
1970	13 800(8.2)	1 550(8.2)	2 700(8.1)	4 450(8.2)	3 500(8.2)	5 770(8.2)	1 760(8.2)	13.00
1971	14 300(7.26)	4 950(7.23)	2 430(7.25)	13 500(7.25)	2 760(7.23)	1 400(7.23)	1 770(7.24)	9.18
1972	10 900(7.20)	8 400(7.19)		6 260(7.19)			970(7.20)	3.55
1976	10 600(8.3)		2 330(8.2)	14 000(8.2)				4.51
1977	13 600(8.3)		10 300(8.2)	8 480(8.2)				15.96
1979	13 000(8.12)	4 660(8.11)	2 310(8.11)	6 300(8.11)				6.09
1988	10 200(8.6)	6 790(8.5)	2 880(8.5)	3 190(8.5)				8.78
1994	10 600(8.5)	1 500(8.4)		6 060(8.4)		1 130(8.5)	3 220(8.5)	7.88
1996	11 100(8.10)	5 110(8.9)	1 030(8.8)	10 000(8.9)				6.89

注:表中括号内为日期(月.日)。

2.2.3.2 龙门洪水变化趋势

近年来黄河龙门洪水出现了许多新变化,表现在大于 10 000 m³/s 洪水锐减,洪水起涨很快,峰型系数增大,洪水更加尖瘦。

分析龙门洪峰流量变化与河龙区间雨区笼罩面积的关系可反映出龙门洪峰流量变化。分析中的洪水基本上是按龙门洪峰流量大于 5 000 m³/s 为标准进行选取的,个别年份龙门没有超过 5 000 m³/s 的洪水,则选取其年最大洪峰流量进行分析。河龙区间暴雨主要是降雨时间集中在 24 h 之内的高强度暴雨,因此暴雨以龙门站洪峰流量出现时间前最大 1 日降雨作为主降雨。河龙区间共选用 279 个雨量站,同时在河口镇以上内蒙古黄河流域选用了 68 个雨量站作为参考点。分析暴雨时,主要以日降雨量大于 50 mm 的降雨笼罩面积作为分析基础,笼罩面积是在 1∶25 万电子地图上,利用地理信息系统软件 ArcGIS,在电子地图上通过数据库生成雨量站图层,然后在电脑上手工绘制最大 1 日降雨量等值线图;根据 GIS 面积计算功能,统计计算出形成洪峰的日降雨范围大于 50 mm 的降雨笼罩面积。统计的基本资料列于表 2-8。根据表列成果,按降雨落区大致相同或相近条件,点绘河龙区间日暴雨大于 50 mm 笼罩面积与龙门洪峰流量关系见图 2-1。可以看出,洪峰流量大小基本与 50 mm 暴雨笼罩面积成正比关系。治理前的 20 世纪五六十年代甚至 70 年代的点据基本都在图的右下方,治理后的 80 年代,特别是 90 年代,大多数点据位于图的左上方。也就是说,形成相同量级的龙门洪峰流量,治理前后笼罩面积不同,治理后形成洪水的大于 50 mm 的笼罩面积大于治理前的笼罩面积,这反映出治理后由于水利水保措施改变了下垫面条件,已对龙门洪水产生了影响,表明近年来龙门站出现大于 15 000 m³/s 的洪水减少。

表 2-8　河龙区间日降雨量大于 50 mm 的暴雨洪水特征统计

序号	暴雨日期 (年-月-日)	暴雨地区	暴雨中心		龙门洪水		50 mm 暴雨 笼罩面积 (万 km²)
			位置	日雨量 (mm)	洪峰流量 (m³/s)	出现时间 (月-日)	
1	1958-07-12	无定河、窟野河	高家堡	82.5	10 800	07-13	1.00
2	1959-07-20	吴堡附近	裴家川	195.3	12 400	07-21	2.00
3	1964-07-05	吴堡上下	丁家沟	144	10 200	07-05	1.20
4	1964-08-12	无定河中上游、秃尾河、窟野河、偏关河、北洛河	大路湾	167.5	17 300	08-13	4.80
5	1966-08-15	窟野河、皇甫川、偏关河	长滩	98.2	9 260	08-16	1.50
6	1967-08-05	裴家川以北、放牛沟以南	水泉	122.2	15 300	08-06	1.00
7	1967-08-09	高家堡以北、放牛沟以南	三井	155.9	21 000	08-11	2.70
8	1967-08-19	吴堡以北、河口镇以南	榆林	129.5	14 900	08-20	1.75
9	1970-07-31	杨家沟到放牛沟之间	王家砭	132.4	13 800	08-02	1.00
10	1971-07-24	杨家沟以北、放牛沟以南	杨家坪	408.7	14 300	07-26	1.70

续表 2-8

序号	暴雨日期 （年-月-日）	暴雨地区	暴雨中心		龙门洪水		50 mm 暴雨 笼罩面积 （万 km²）
			位置	日雨量 （mm）	洪峰流量 （m³/s）	出现时间 （月-日）	
11	1974-07-30	府谷以南、吴堡以北	温家川	101.2	9 000	08-01	1.60
12	1976-08-01	窟野河、皇甫川	乌兰镇	248	10 600	08-03	1.0
13	1977-07-05	泾河、北洛河、渭河中上游、延河、 无定河、湫水河、三川河、屈产河	招安	219	14 500	07-06	2.79
14	1977-08-01	陕北北部至毛乌素沙地闭流区	呼吉尔特	650	13 600	08-03	1.43
15	1977-08-05	北洛河上游、延河、无定河、 秃尾河、汾河上游	平遥	350.7	12 700	08-06	2.00
16	1978-08-07	北洛河、延河、无定河下游、 蔚汾河、岚漪河	和尚泉	144.9	6 820	08-08	1.69
17	1979-08-10	河口镇以南、府谷以北	花亥图	141	13 000	08-12	2.04
18	1981-08-14	泾河、北洛河中上游、 黄河北干流南段	驿马关	157.6	3 610	08-15	1.27
19	1982-07-29	三花间为主要暴雨区；北洛河、 清涧河、无定河为另一块	小河则	114.6	5 050	07-31	1.31
20	1985-08-05	窟野河、孤山川、朱家川、岚漪河	巴图塔	117	6 720	08-06	0.84
21	1987-08-25	无定河中下游、佳芦河、屈产河、 朱家川、湫水河	樊家河	98.6	6 840	08-26	1.57
22	1988-08-03	山陕区间	沙圪堵	98	10 200	08-06	2.80
23	1989-07-21	皇甫川、窟野河上游及头道拐 以上的 7 大支流	青达门	186	7 690	07-22	2.30
24	1989-07-22	窟野河下游、岚漪河、蔚汾河 中下游、湫水河上游	任家塔、 康宁镇	245	8 310	07-23	0.83
25	1992-08-07	西起伊盟的杭锦旗、东至山西的 河曲，北纬 39°～40°范围内	东胜市、 神木中鸡	108	7 740	08-09	1.18
26	1994-07-06	秃尾河、窟野河、孤山川、皇甫川、 无定河、泾河、北洛河上中游	王道恒塔、 天池	124	5 000	07-08	1.52
27	1994-08-04	窟野河、皇甫川、无定河、清涧河、 秃尾河、佳芦河、湫水河	绥德	152	10 600	08-05	3.50
28	1995-07-17	窟野河、无定河、秃尾河下游	清水	133	3 880	07-18	1.39

续表 2-8

序号	暴雨日期 (年-月-日)	暴雨地区	暴雨中心			龙门洪水		50 mm暴雨 笼罩面积 (万 km²)
			位置	日雨量 (mm)	洪峰流量 (m³/s)	出现时间 (月-日)	
29	1995-07-28	窟野河、秃尾河上游、河曲 至府谷干流两岸	府谷	178	7 860	07-30	0.88
30	1996-07-31	黄河干流及西部各支流中下游	王道恒塔	88	4 580	08-01	1.70
31	1996-08-08	黄河干流及两岸各支流下游地区	沙圪堵	69	11 100	08-10	2.45
32	1998-07-12	山陕区间右岸支流	涧峪岔	90	7 160	07-13	3.14
33	2003-07-31	山陕区间右岸支流	清水川		7 230	07-31	1.18

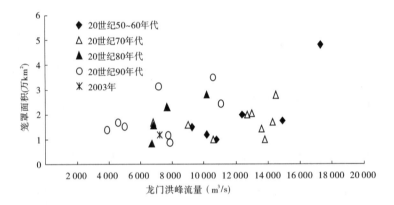

图 2-1　河龙区间日暴雨大于 50 mm 笼罩面积与龙门洪峰流量关系

分析龙门站洪峰流量为 10 000 m³/s 左右的几次典型洪水特征(见表 2-9),可见,随着时间的推移,在洪峰流量相近的条件下,洪量有减小趋势,特别是 1996 年 8 月 10 日洪水表现十分明显,同时峰型系数增大,表明洪峰更加尖瘦,说明人类活动对龙门洪峰流量也产生了一定影响。

表 2-9　龙门站相近洪水特征

时间 (年-月-日)	洪峰流量(m³/s)	5 d 洪量 (亿 m³)	平均流量 (m³/s)	峰型系数
1958-07-13	10 800	12.7	2 940	3.67
1966-07-29	10 100	11.7	2 708	3.73
1988-08-06	10 200	12.0	2 778	3.67
1994-08-05	10 600	12.0	2 778	3.82
1996-08-10	11 000	9.6	2 222	4.95

2012 年 7 月 26 ~ 27 日龙门站洪水过程也说明了龙门洪水变化这一趋势,例如黄河

一号洪峰(龙门洪峰流量 7 620 m³/s)从起涨到峰顶仅 6 h,二号洪峰(龙门洪峰流量 5 740 m³/s)仅为 2.4 h,而且洪水演进中削峰率大,洪水不断坦化。

从以上事实不难看出,水利水保措施等人类活动对龙门洪水已发生了影响,今后发生 15 000 m³/s 洪水概率可能减少,而且洪峰将更加尖瘦。

2.3　黄河中游流域性特大暴雨产流产沙

2.3.1　历史上黄河中游两次特大暴雨产流产沙

2.3.1.1　1843 年(清道光二十三年)中游特大暴雨产流产沙

清道光二十三年(1843 年)黄河中游出现了特大暴雨,雨带呈西南—东北向分布,雨区以山西和陕西北部为主。据当时水情奏报材料记载,在今三门峡处"七月十三(旧历)已时,报长水七尺五寸;至十五日寅刻,复长水一丈三尺三寸。前水尚未见消,后水踵至。计一日十时之间,长水二丈八尺之多。浪若排山,历考成案,未有长水如此猛骤者。"1843 年洪水在陕县、三门峡一带,群众广泛流传着"道光二十三,黄河涨上天,冲了太阳渡,捎走万锦滩"的民谣。根据洪水痕迹分析推算,洪峰流量达 36 000 m³/s,初步估算该年输沙量 70 亿 t 左右。据调查,这次洪水在三门峡以下淤沙颗粒较粗,粒径大于 0.1 mm 的泥沙占 80% 以上,中数粒径 0.25 mm。淤沙的矿物成分,石榴石含量高达 26% ~ 41%,其次为角闪石。由此推断,1843 年洪水主要来源于皇甫川、窟野河、无定河一带及泾河的马莲河、北洛河上游的粗沙区。这次洪水河南中牟决口宽三百余丈,大水分成两股直趋东南。河南中牟、尉氏、祥符、通许、陈留、淮宁、扶沟、西华、杞县、鹿邑和安徽太和、阜阳、颖上、凤台、霍丘、亳州等地普遍泛滥。

2.3.1.2　1933 年黄河中游特大暴雨产流产沙

陕县 1933 年 8 月大洪水,是黄河中游陕县站实测最大洪水。8 月 5 日黄河中游广大地区开始普降暴雨,5 d 暴雨主要集中在 6 日和 9 日,以 6 日最大,9 日次之(见图 2-2)。雨区呈西南—东北向带状分布,长轴约 900 km,短轴约 200 km,5 d 降水总量 240 亿 m³,降雨 100 mm 以上笼罩面积 11 万 km²,200 mm 的笼罩面积 8 000 多 km²,最大降雨中心在马莲河上游环县附近,中心雨量达 300 mm 以上,其次是渭河上游散渡河、泾河上游的江源附近,延河上游安塞附近及清涧河附近,中心雨量 200 ~ 300 mm。

此次暴雨引发的洪水较大。8 月 7 日晨,陕县站流量由 2 500 m³/s 起涨,水位急剧上升,中间略有降低,至 8 日夜复又上升,水尺即遭没顶,9 日晨观测时,水势平稳,临时设置水尺观测水位为 297.08 m,计算流量 14 300 m³/s。当日夜水复上涨,至午夜达最高峰,10 日晨水位下降。后经有关单位反复核查,1933 年洪水、洪量、沙量见表 2-10、表 2-11。由表列成果可以看出,黄河陕县洪峰流量达 22 000 m³/s,年沙量达 39.1 亿 t,若考虑黄、渭、洛河汇流区影响,龙门、华县、河津、湫头四站合成洪峰流量可达 30 000 m³/s,年沙量达 43.44 亿 t。

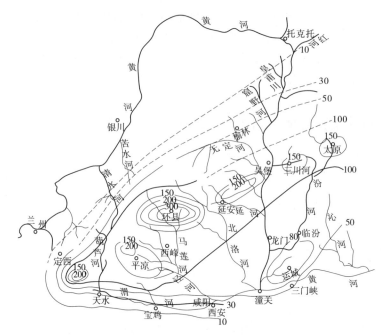

图 2-2　1933 年 8 月 6 ～ 10 日降雨量等值线图

表 2-10　1933 年 8 月黄河洪水组成

河名	站名	集水面积（km²）	1988 年发表原估算洪峰流量（m³/s）	考虑黄、渭、洛河汇流区影响新估算的洪峰流量（m³/s）
黄河	龙门	497 552	13 300	15 260
渭河	华县	106 498	8 340	9 570
汾河	河津	38 728	1 700	1 950
北洛河	洑头	25 154	2 810	3 220
黄、渭、汾、北洛河	龙门、华县、河津、洑头四站合成	651 477		30 000
黄河	潼关	682 124		24 000
黄河	陕县	687 869	22 000	22 000

表 2-11　1933 年 8 月黄河洪水量及 6 ～ 9 月沙量

计算说明	洪量（亿 m³）		洪水沙量（亿 t）		沙量（亿 t）	
	W_{12d}	W_{30d}	S_{12d}	$S_{8月}$	$S_{6～9月}$	S_a
1982 年、1988 年发表原统计陕县站	90.87	169.9	21.1	27.9	37.4	39.1
考虑黄、渭、洛汇流区影响龙、华、河、洑四站	100.87	180.75	26.38	32.82	42.5	43.44

注：本表引自王涌泉"1933 年大洪水预测及黄河、渭河、洛河汇流区减灾分析"，黄河水利科学研究院，1995.4。

此次洪水挟带大量泥沙进入下游,河道淤积重,水位高,下游普遍漫决,导致黄河河南段堤防决口 110 处,其中北岸 75 处、南岸 35 处。河南、山东、江苏 3 省的 30 个县受淹,受灾面积 6 592 km²,受灾人口 273 万(见图 2-3)。

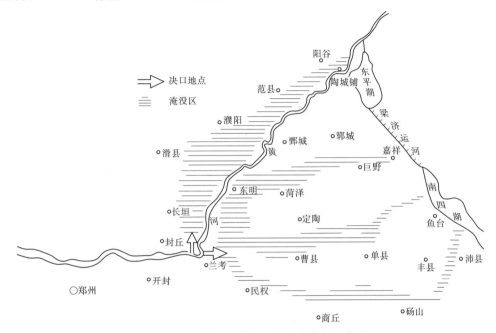

图 2-3　1933 年 8 月黄河洪水决溢范围示意图

2.3.2　新中国成立后黄河中游两次特大暴雨产流产沙

2.3.2.1　1977 年暴雨产流产沙[*]

1977 年,黄河中游共发生 3 次大面积、高强度暴雨,暴雨中心最大日降雨量都在 200 mm 以上,某些支流暴雨产流产沙都较大。第一次暴雨发生在 7 月 5～6 日(简称"7·5"暴雨),暴雨中心在延河上游支流杏子河流域,延河甘谷驿水文站出现了 9 030 m³/s 的特大洪水。第二次暴雨发生在 8 月 1～2 日,暴雨中心在陕西与内蒙古交界处的木多才当,10 h 调查降雨量 1 400 mm,在中心地区 1 860 km² 范围内降水总量达 10 亿 m³。降雨之集中,强度之大,实属罕见。因该次暴雨中心位于沙漠地区,因此未产生大洪水,而此次暴雨涉及的孤山川流域降雨 200 多 mm,形成孤山川高石崖站 10 300 m³/s 特大洪水,年产沙量达 0.84 亿 t,为历年之冠。第三次暴雨发生在 8 月 5～6 日(简称"8·5"暴雨),暴雨中心在无定河和屈产河下游,无定河白家川至川口区间 544 km² 的流域面积上产生了 5 480 m³/s 的洪峰流量。这三次暴雨洪水致使河龙区间年产沙量达 15.96 亿 t,造成黄河下游河道严重淤积。暴雨后,根据水电部指示,黄委派黄委会水利科学研究所李保如副所长带队,组织黄委有关单位参加组成调查组,于 1977 年 10 月中旬至 11 月下旬,先后到陕北延安、榆林,山西吕梁、忻县,甘肃庆阳等地区及内蒙古准格尔旗等 15 个县(旗)对暴雨情况和暴雨地区工程情况进行了调查。现根据当时暴雨洪水调查情况整理如下。

---

[*]李保如,陈升辉,冯国安,等. 黄河中游地区一九七七年暴雨后工程情况调查报告. 黄委中游调查组,1977.12。

1. 暴雨情况

1977 年,黄河中游地区共发生 3 次暴雨,其特点是降雨量大、持续时间长、笼罩面积广。

1)"7·5"暴雨

7 月 4 日深夜至 6 日早上,黄河中游甘肃、陕西、山西等省普降暴雨,由降雨等值线图(见图 2-4)可知,48 h 大于 50 mm 以上笼罩面积约 9 万 km²。暴雨中心在甘肃庆阳,陕西志丹、安塞和子长,最大暴雨中心在安塞县招安,降雨量为 225 mm(见表 2-12)。

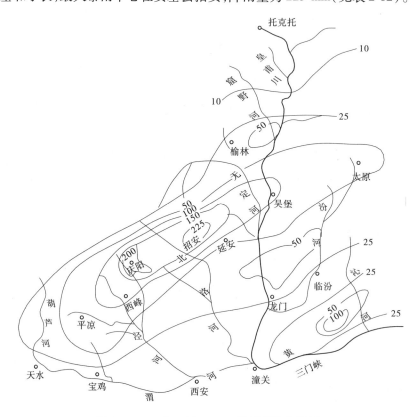

图 2-4　1977 年 7 月 4～5 日降雨量等值线图

表 2-12　"7·5"暴雨中心各站降雨量　　　　　　　　　　　　　　　　(单位:mm)

站名	4 日	5 日		6 日		4～6 日合计	24 h 最大	24 h 雨量占 4～6 日雨量(%)
		8～14 时	14～20 时	20～2 时	2～8 时			
招安	59	32.1	8.3	59.7	65.8	224.9	215	96
志丹	77.7	18.5	4.3	52.8	12.5	165.8	154.4	93
安塞	43	25.7	6.3	41.8	65.8	182.6	177	97
子长	52	12.1	4.6	58.6	43.2	170.5	168	99

2)"8·1"暴雨

1977 年 8 月 1～2 日发生暴雨(简称"8·1"暴雨),暴雨中心在陕西与内蒙古交界处的木多才当,10 h 调查降雨量 1 400 mm,在中心地区 1 860 km² 范围内降水总量达 10 亿 m³。降雨之集中,强度之大,实属罕见。

此次暴雨的主要特点如下:

一是强度大。当地群众反映,雨势很猛,好似泼水,手捧脸盆伸出户外,顷刻注满。一夜之间柳芭窑上(用沙柳做成的拱形房顶)一尺来厚的泥土,几乎全被雨水冲走,房前屋后树枝上的喜鹊、麻雀也被雨水打死。七八十岁的老人说:"从来没有见过这样的雨。祖祖辈辈没有听说过的海子(即小湖泊、洼地)这次也满了。"木多才当中心平均每小时降雨量 140 mm,而暴雨最大雨强还在 2 日 2 时前后,因此最大降雨强度更为突出。从国内外 24 h 以内实测或调查的最大点雨量记录可见,木多才当 10 h 调查降雨量 1 400 mm,已超过世界纪录。

二是雨区呈带状分布、中心呈斑状分布。此次特大暴雨西起鄂托克旗,东至山西河曲,雨区呈带状分布。10 mm、50 mm 等雨深线在东南方向与南北方向长短轴之比约为 3∶1。在两轴的中段部位 1 860 km² 的面积上,包含一个准圆形的 200 mm 以上的特大暴雨中心。在此区内包含三个独立的呈斑状分布的暴雨中心。表 2-13 为"8·1"暴雨日雨量面深关系。

表 2-13　黄河中游 1977 年"8·1"暴雨日雨量面深关系

面积(km²)	点(0)	100	300	1 000	3 000	10 000	30 000	100 000
平均雨深(mm)	1 400	1 050	854	675	400	212	115	47

3)"8·5"暴雨

8 月 4～6 日,中游再次降暴雨,50 mm 以上的笼罩面积约 4.5 万 km²(见图 2-5)。"8·5"暴雨中心有两个,一个在晋中盆地南部平遥县(平遥县气象站自计雨量记录,4～5 日暴雨总量 365 mm);另一个在山西石楼与陕西清涧县间(屈产河裴沟水文站 4～5 日雨量 280 mm)。

"8·5"暴雨笼罩面积和降雨总量均较"7·5"暴雨为小,但雨强较"7·5"暴雨为大,与历史上"58·7"暴雨比较(见表 2-14),可以看出,"8·5"暴雨短历时的降雨量是最大的。

2.暴雨产流产沙情况

1)"7·5"暴雨产流产沙情况

"7·5"暴雨分布的方向基本垂直于陕、甘两省的入黄支流,在暴雨地区的支流均发生了较大洪水或特大洪水。7 月 6 日延河发生特大洪水,延安(杨家湾)水文站实测最大洪峰流量 7 420 m³/s,1 d 洪量为 7 966 万 m³;甘谷驿水文站实测最大洪峰流量 9 050 m³/s,最大含沙量 798 kg/m³,1 d 洪量为 1.3 亿 m³,统计甘谷驿水文站"7·5"洪水过程,水量为 1.55 亿 m³,沙量为 0.945 亿 t,平均含沙量 600 kg/m³。"7·5"暴雨期间,泾河上游马莲河和东川也同时出现自设站以来的最大洪水,因测流设施被冲毁,洪峰未能测到,经兰州总站庆阳中心站调查计算,东川石湾站洪峰流量 3 830 m³/s,马莲河北关站洪峰流量约为 4 040 m³/s。

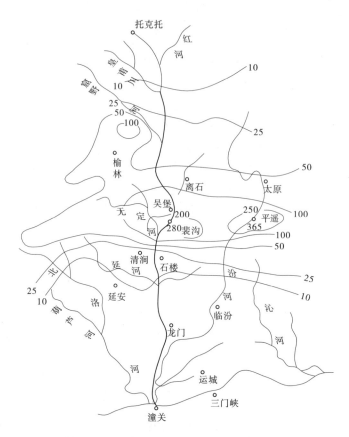

图 2-5　1977 年 8 月 4 ~ 5 日降雨量等值线图

表 2-14　黄河中游几次暴雨比较　　　　　　　　　　（单位:mm）

项目	垣曲	招安	平遥
	"58·7"	"77·7·5"	"77·8·5"
全过程雨量	499.6	225	365
24 h 雨量	366.6	215	348
12 h 雨量	249	125.5	323
6 h 雨量	245.5	105	239
1 h 雨量			65
相当于当年降雨量的比例(%)	77		81

　　7 月 5 ~ 6 日间,龙门水文站出现最大洪峰流量 11 500 m³/s,同时吴堡水文站洪峰流量 4 770 m³/s,相应得龙门站沙量 3.26 亿 t,吴堡水文站沙量 0.48 亿 t。同期华县、洑头同时出现洪峰,洪峰流量分别为 3 660 m³/s 及 2 670 m³/s,从而形成潼关洪峰流量 14 600 m³/s 洪水,同期华县沙量为 3.2 亿 t,洑头为 0.945 亿 t,相应的含沙量分别为 485 kg/m³ 和 595 kg/m³。

2）"8·1"暴雨产流产沙情况

因该次暴雨中心地处毛乌素沙地，而且毛乌素沙地区湖、淖、海子较多，因此未产生大洪水，而此次暴雨涉及的孤山川流域降雨 200 多 mm，形成孤山川高石崖站 10 300 m^3/s 特大洪水，年产沙量达 0.84 亿 t，为历年之冠；窟野河出现 8 480 m^3/s 洪水，沙量 0.555 亿 t，吴堡站出现 15 000 m^3/s 洪水，沙量 2.52 亿 t，龙门站洪峰流量 14 000 m^3/s，沙量 2.03 亿 t。显然，"8·1"暴雨产生的洪水泥沙主要来自吴堡以上。

3）"8·5"暴雨产流产沙情况

"8·5"暴雨主要集中在晋、陕两省，因此北干流的多数支流出现洪水。无定河 8 月 5～6 日出现 3 840 m^3/s 洪水，洪量 2.38 亿 m^3，沙量 1.64 亿 t；清涧河出现 1 500 m^3/s 洪水，洪量 0.656 亿 m^3，沙量 0.432 亿 t；三川河出现 1 300 m^3/s 洪水，洪量 0.566 亿 m^3，沙量 0.225 亿 t。"8·5"龙门洪峰流量 12 000 m^3/s，同期吴堡洪峰流量 4 500 m^3/s，此间吴堡沙量为 0.558 亿 t，而龙门沙量则为 5.45 亿 t，可见"8·5"洪水泥沙均系来自吴堡—龙门区间（简称吴龙区间）。

4）1977 年暴雨期间黄河下游汛期淤积量情况

1977 年汛期黄河下游（三门峡—利津）共淤积泥沙 8.81 亿 t（已扣除灌区引沙量），其中高村以上淤积 6.99 亿 t，为全下游淤积量的 79%，而 1977 年 7 月 1～10 日及 8 月 1～10 日，20 d 内黄河下游淤积量为 9.41 亿 t，与汛期淤积总量相近，由此可见，1977 年黄河下游淤积主要是三次暴雨洪水期间造成的。

3. 暴雨水毁工程情况

水土保持措施，不论是工程措施还是生物措施，其减水减沙作用都与降雨强度及坡面和沟道洪水大小密切相关。水土保持措施减水减沙作用与洪水的关系，实质上是与降雨强度及降雨总量的关系。同时，水土保持措施又受当前经济发展水平和管理维护能力的制约，目前抵抗暴雨强度的能力还不高，低于一定降雨强度时减沙作用比较明显，强度稍高作用就减少，超过某一强度就不再减沙，再高就可能造成水土保持措施的破坏，不仅不能减沙，还可能致洪增沙。1977 年暴雨属高强度、大面积暴雨，水土保持措施水毁比较严重。据对黄河中游 13 个重点县（陕北 6 县、山西 4 县、甘肃 3 县）调查统计（见表 2-15），保存完好的小型水库 206 座，淤地坝 1.4 万座，坝地 8 614 hm^2；被洪水冲毁的小型水库 200 座（包括山西中型水库 1 座），冲毁淤地坝 1.6 万座，坝地 8 200 hm^2，好坏约各占一半。

分析表 2-15 可知，三省 13 县合计小型水库水毁率为 49.3%，淤地坝水毁率为 53.2%，坝地水毁率为 50.6%，若将坝地水毁率视为增加泥沙，则因 1977 年暴雨增沙约 50%。

表 2-15 1977 年坝库工程暴雨水毁情况统计表

| 省 | 县 | 水库(座) | | | 淤地坝(座) | 坝地(hm²) |
| | | 小(1) | 小(2) | 合计 | | |
		水毁/原有	水毁/原有	水毁/原有	水毁/原有	水毁/原有
陕西	安塞	7/13	62/70	69/83	1 158/1 841	640/933.33
	子长	7/36	64/180	71/216	927/1 954	1 333.33/2 133.33
	延安				1 644/2 352	/2 593.33
	子洲	1/	3/	4/	1 800/2 700	866.67/2 200
	绥德	3/	22/	25/	2 830/4 200	1 693.33/2 320
	清涧	4/6	7/	11/6	3 200/5 500	2 133.33/2 133.33
	6 县合计	22/55	158/250	180/305	11 559/18 547	6 666.67/12 313.33
山西	柳林	4/8		4/8	1 347/6 012	506.67/1 153.33
	石楼	1/2		1/2	2 826/3 787	413.33/1 080
	河曲	3/8		3/8	357/1 792	493.33/626.67
	保德	2/9		2/9	258/443	26.67/286.67
	4 县合计	10/27		10/27	4 788/12 032	1 440/3 180
甘肃	华池	0/3	6/16	6/19	38/67	93.33/173.33
	庆阳	1/4	1/9	2/13	/58	/83.33
	环县	1/14	1/28	2/42	/103	/466.67
	3 县合计	2/21	8/53	10/74	38/228	93.33/723.33

4. 主要经验和教训

经过 1977 年大暴雨考验,黄河中游暴雨地区,坝库工程保存完好的约一半;以流域为治理单元的沟道,保存完好或比较完好的约占 80%。1977 年暴雨对工程的影响既有经验也有教训。

1) 主要经验

保留较好的沟道和坝库工程的经验证明,沟道内有质量好的骨干工程控制,防汛组织健全,养护较好,非常重要。

有质量好的骨干工程控制的沟道,一是要库容大,主要指剩余库容要大,即洪水到来之前有能够拦蓄洪水泥沙的库容;二是溢洪道要大,并要衬砌牢固,便于排泄。例如安塞县的县南沟,流域面积 46 km²,治理程度 19.3%,降雨 110.7 mm,由于沟口由一座大坝控制,坝高 30.5 m,剩余库容 200 万 m³,溢洪道宽 10 m,衬砌很好,经暴雨考验,虽上游垮坝 23 座,但洪水入沟口大坝时,滞洪水深仅 1.5 m,大坝完好,最大下泄流量仅 89 m³/s;清涧县宁寨子河水库,由于紧靠上游 700 m 处修建一座拦洪大坝,控制流域面积 110 km²,剩余库容 300 万 m³,且有一个较大的排洪洞,泄量 90 m³/s,穿山排入另一只沟,经暴雨考验,虽上游垮 10 座较大库坝,但洪水都能顺利通过,新淤坝地 10 hm²,保证了下游水库的安全,充分发挥了骨干工程的作用;又如清涧县老舍窝沟大坝,控制面积 33 km²,坝高 45 m,剩余库容 400 万 m³,在暴雨 210 mm 的情况下,库内洪水比溢洪道底坎低 3 m,坝体完好无损,除泄水洞下泄 1.5 m³/s 外,水沙全部拦于库内,还新淤坝地 26.67 hm²。

防汛组织健全,抢救得力,可以化险为夷,救一坝保全沟。例如,子长县的丹头沟,流域面积 70 km²,治理程度 10.3%,降雨 125 mm,全沟 70 余座坝,垮 19 座。老庄大坝位于该沟中游,是一座骨干工程,7 月大雨时,上游已垮坝,该库水位迅速上升,坝体出现裂缝,因护坝队员全力抢救,3 h 内加高 0.6 m,结果转危为安,在洪水位超过原坝顶 0.2 m 的情况下保住了大坝,控制了洪水,保证了下游两座大坝的安全,沟口最大流量只有 50 m³/s。又如保德县元塔水库,1977 年汛期因平车堵住涵洞,坝体出现裂缝,经突击队员奋力抢救,及时排除平车,堵住漏洞,结果水平顶达 10 h,靠子埝防守,仍保住了大坝。再如保德县黄石崖沟,流域面积 41.3 km²,治理程度 35%,沟内有骨干工程 4 座,淤地坝 115 座,该沟的经验除工程布局合理、质量较好外,因有一个健全得力的防汛组织,有专业队伍,责任落实到人,措施具体,经暴雨考验(1977 年 7 月 30 日至 8 月 1 日保德降雨 156 mm,8 月 2 日再降雨 83.6 mm),除 24 座小库坝(坝高 15 m 以下)损坏外,骨干工程均完好无损,水未出沟。

2)垮坝的教训

不少被冲毁的沟道和坝库工程,总结其教训,除暴雨洪水较大外,主要是不按科学态度办事,很多工程质量低劣,布局不合理,管理不善,致使很多本来可以不垮的工程而遭失事,教训深刻。

质量低劣的库坝,多数是坝体与基岩结合不牢,或者是坝体与涵洞结合不好,发生钻洞,群众称"胃穿孔",以致洪水没有冒梁坝就垮了。据山西 31 座水库垮坝统计,因质量低劣而垮者有 19 座,占 61.3%,如河曲悬沟水库垮坝时,水位比坝顶低 9 m;南石沟大坝垮坝时,水位比坝顶低 4.5 m;柳林康家坪水库则低 5 m。

布局不合理,不按科学要求办事的库坝,主要是沟道内缺乏骨干工程,或骨干工程修得不恰当,或施工跨汛期又无度汛措施等,一旦上游垮坝而影响全沟。如子洲县封家岔沟,流域面积 16.6 km²,干沟有 4 座主坝,其库容是上游坝大(库容 138 万 m³),下游坝小(库容 80 万 m³),结果上坝因钻洞跨坝,下游无控制能力,其余三坝皆垮,洪峰流量递增,沟口流量竟高达 2 600 m³/s。

管理不好的库坝,多因思想麻痹,又无得力措施,致使小患酿成大祸。例如,保德县五四反修水库,建坝时岩层表面风化严重未能处理,带病迎汛又无防汛措施,结果 1977 年 8 月暴雨,在土石结合处发生管涌,顷刻大坝溃决。

韭园沟是一条冲毁严重的沟道,有很多值得吸取的教训,现将情况概述如下。韭园沟是无定河中游左岸的一条支沟,属黄土丘陵沟壑区第一副区,流域面积 70.7 km²,其中沟间地占 56.6%,沟谷地占 43.4%,沟壑密度平均为 5.34 km/km²。多年平均降雨量 517.6

mm,降雨集中且多暴雨。

该流域从1954年开始治理,至1977年已治理23年,治理程度达41.4%。该流域先后经过8次较大暴雨,发生2次干沟垮坝,即1959年和1977年,以1977年垮坝最严重,共垮坝243座,占总数的73%,其中干沟9座,支沟234座。损失坝地51.53 hm²,为原有坝地的27%,其中干沟21.67 hm²,支沟29.86 hm²。冲走库内泥沙335万 m³(加坝体土方85 m³共420万 m³),占23年沟道拦沙总量的33.4%,其中干沟冲走265万 m³占79%,支沟冲走70万 m³占21%,沟口洪峰流量1 100 m³/s。

垮坝经过如下:

7月5~6日,韭园沟降大雨,雨量109.9 mm,干沟韭园沟大坝以上主坝未垮,下游(沟口)刘家湾水库,7月6日溢洪道过水后塌方堵塞,7月7日泄水洞因钻孔垮坝,水位骤降,引起韭园大坝滑坡,滑走坝体土方2万 m³,滑坡高离坝顶仅2 m。

8月4~5日又降大雨177.4 mm,林家硷沟沟口青年水库5日5时,流量641 m³/s,干沟马连沟前坝6时左右漫顶溃决,6时45分韭园沟大坝漫顶0.3 m,坝身冲开缺口,坝下最大洪峰流量251 m³/s,紧接着红旗水库于5日11时垮坝,最大流量22 801 m³/s,冲毁沿途各坝,12时14分韭园大坝下游最大洪峰流量1 100 m³/s。

经过调查,青年、红旗两座水库垮坝的情况和原因如下:

青年水库控制流域面积12.37 km²,坝高20 m,库容32万 m³,无溢洪道,采用洪水不入库、蓄清运用方式。为保水库寿命,在上游500 m处修建一座拦洪坝,总库容70万 m³(已淤20万~30万 m³),溢洪道沿青年水库山坡开挖至韭园沟干沟,未衬护;左坝端的泄水洞是在坝成以后,再挖洞埋设横管,然后灌浆填充,实际上等于在坝体中挖了一个洞,7月6日大雨溢洪道因塌方堵塞,未及时挖通,8月5日又来大洪水,左坝端钻洞并漫顶垮坝,洪水倾注青年水库,漫顶0.8 m垮坝,拉开口门宽20 m,深12 m,全库泄空仅40分钟。可见青年水库垮坝是因上游拦洪坝的溢洪道和泄水洞出了问题。

红旗水库位于韭园沟中游,控制流域面积28.1 km²,坝高24 m,库容104万 m³,1976年秋只建成坝体,未开溢洪道,从右岸取土水坠时,陡岩倒坡结合不好留下隐患。1977年7月洪水,库内未满,为迎下次洪水,用推土机加高坝体2 m,同时抢挖溢洪道,至8月5日洪水来时,溢洪道仅挖深1 m刚能过水,坝顶不平,坝左端漫顶0.5 m,右岸4/5坝高土石结合处钻洞垮坝。可见,红旗水库垮坝是由于土石结合不好和溢洪道没有挖成造成的。

韭园沟垮坝严重,除上述质量不好、施工不按程序、老坝未及时加高等原因外,还有一个原因是布局不合理,例如刘家湾水库建于1972年,在韭园沟大坝下游500 m,本不应修高坝,但因两个公社的受益问题,坝高修到25 m,总库容103万 m³,设计水位淹没韭园大坝坝高的2/3;垮坝以后,明知有问题,尚未解决好,刘家湾水库仍按原计划修复。红旗水库在三角坪坝下游500 m处,坝高24 m,总库容104万 m³,设计水位淹没了三角坪坝高的55%(15 m),并与王茂庄大坝的溢洪道底坎相平,本不应修这样高,但是为了列入县上的基建项目,而要求库容超过100万 m³,施工时又忽视质量,不及时开挖溢洪道,垮坝后造成韭园沟如此严重的后果,这种"串联"的布坝方式,在暴雨洪水作用下形成"连锁垮坝",

教训十分深刻。

2.3.2.2　1994 年暴雨产流产沙[*]

1994 年 7、8 月间,黄河中游多沙粗沙区连降大到暴雨,中游干支流发生洪水,雨洪灾情比较严重。为及时了解情况,研究暴雨后水利水保工程的作用和问题,根据黄委领导指示,由黄委水利科学研究院张胜利教授级高级工程师率队,组成由黄河水利科学研究院、黄委农水局、黄河上中游管理局、黄委水文局、黄委设计院、黄河中游水文水资源局等单位参加的黄委中游调查组,于 1994 年 9 月 6~30 日对暴雨集中地区的无定河流域和北洛河上游进行了近一个月的实地调查,先后到榆林地区的绥德、子洲、米脂、榆林、横山、靖边和延安地区的吴起、志丹、富县、延安等地、县,调查了暴雨洪水情况及暴雨地区水利水保工程情况。现根据"黄河中游多沙粗沙区 1994 年暴雨后水利水保工程作用和问题的调查报告"对 1994 年暴雨对水土保持减水减沙回顾评价如下。

1. 河龙区间

1)暴雨情况

1994 年河龙区间气候异常,4 月下旬至 6 月上旬,高温少雨,降雨量偏少 7~10 成,气温偏高 3~5 ℃,为近 60 年来所罕见,致使土壤严重失墒,干旱严重。与干旱交替发生的是暴雨洪水灾害,据调查,自 6 月下旬开始,全区共有 6 次较大降雨过程,6 月下旬 2 次(6 月 22~23 日、6 月 28~29 日);降雨量在 10~77 mm;7 月 2 次(7 月 7~8 日、7 月 23 日),降雨量为 6~125 mm;8 月 2 次(8 月 4~6 日、8 月 9~13 日),降雨量为 20~152 mm。

在榆林地区 7 月、8 月比较大的暴雨有 4 次,第一次为 7 月 6~7 日,暴雨中心在横山,4 h 降雨 83.1 mm;第二次为 7 月 25~26 日,暴雨中心在定边,10 h 降雨 108 mm,为该县全年降雨量的 1/3;第三次为 8 月 4~5 日,全区除神木、府谷两县外,普降暴雨,主雨区在子洲、绥德、吴堡一线,暴雨中心在绥德,6 h 降雨 144.2 mm,降雨量大于 100 mm 笼罩面积 2 216 km²,大于 80 mm 笼罩面积 5 100 km²(见图 2-6),各县降雨量情况见表 2-16;第四次为 8 月 10 日,主雨区在定边、靖边、子洲一线。定边县学庄乡杨福井 12 h 降雨 178 mm,靖边县城降雨 93 mm,子洲县城降雨 130 mm。

表 2-16　1994 年 8 月 4~5 日暴雨情况

地　点	绥德	子洲	横山	吴堡	定边	靖边
历时(h)	6	2	12	12	11	3
雨量(mm)	144.2	120	150	139.1	128.4	134

---

　　[*] 张胜利,于一鸣,时明立,等. 黄河中游多沙粗沙区 1994 年暴雨后水利水保工程作用和问题的调查报告. 黄河水利委员会中游调查组,1994.12。

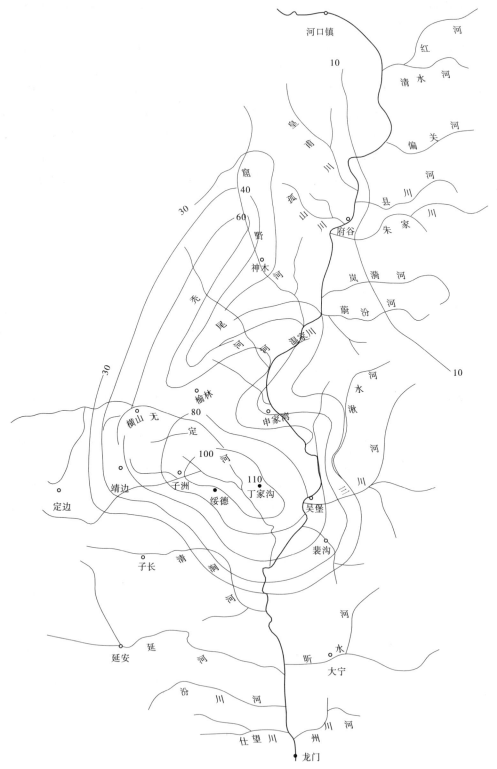

图 2-6 "94·8·4"河龙区间日降雨量等值线图

1994 年暴雨的特点为:一是降雨集中,强度较大。在 1994 年 7 月 6 日至 8 月 10 日的 35 d 中,绥德县累计降雨量达 428.8 mm,占该县多年平均降雨量的 87.4%;子洲县降雨量为 380.5 mm,占多年平均降雨量的 70%;横山县累计降雨量 550 mm,占多年平均降雨量的 118%;同时降雨强度较大,子洲县 1 h 降雨 58 mm。二是本次暴雨呈西南—东北向带状分布,这种暴雨通常称为斜向型暴雨,是造成三门峡以上大洪水的重要暴雨,历史上陕县 1843 年 8 月大洪水和 1933 年 8 月实测大洪水均是由这类暴雨形成的;三是破坏性暴雨之前有较大的前期降雨,1994 年破坏性最大的是 8 月 4~5 日的无定河大暴雨,在此之前的 7 月均有较大暴雨发生,由于前期降雨量较大,土壤含水量趋于饱和,入渗能力减小,产流增大,或因水利水保工程前期拦蓄浸泡,拦蓄能力降低,在随后的暴雨洪水袭击下,造成水毁。

2)产流产沙

在多沙粗沙区,暴雨是形成洪水泥沙的主要原因。1994 年 8 月 4~5 日暴雨,降雨集中,强度较大,致使龙门 8 月 5 日洪峰流量达 10 900 m³/s,这是继 1988 年以来的又一次大洪水,这次洪水主要来自皇甫川、窟野河、佳芦河和无定河等支流。据 1~10 月三门峡站统计,输沙量达 15.3 亿 t,其中 8 月来沙量为 7.43 亿 t,可见河龙区间产沙量之大。在此之前的 7 月,河龙区间降了较大暴雨,清水川清水站 7 月 6 日降雨量 105 mm,窟野河王道恒塔站降雨量 125 mm,接着又受 8 月 4~5 日暴雨的袭击,产生了较大洪水和泥沙。现以典型流域产流产沙情况加以说明。

(1)岔巴沟流域。岔巴沟流域位于子洲县北部,系无定河二级支流,流域面积 205 km²,曹坪水文站控制面积 187 km²。根据子洲县水利水保局资料,自 1983 年列入无定河重点治理以来,到 1993 年验收时,治理程度达 70%以上,像这样一个治理程度较高的小流域,在 1994 年 8 月 4 日降雨量 120 mm 情况下,流域内三川口乡街道进水,曹坪水文站实测最大洪峰流量 580 m³/s,相当于 50 年一遇洪水,含沙量达 700 kg/m³,水土流失相当严重。

(2)无定河流域。1984 年 8 月 5 日,无定河白家川水文站发生了有实测资料以来的第三位洪水,洪峰流量达 3 200 m³/s。8 月 10 日,小理河李家河站洪峰流量达 1 350 m³/s,为该站建站以来最大洪水,大理河绥德站洪峰流量达 2 750 m³/s,洪水传递到白家川水文站洪峰流量为 2 500 m³/s,含沙量 650 kg/m³;8 月 23 日,白家川水文站洪峰流量 770 m³/s,含沙量 860 kg/m³。统计这三次洪水、泥沙可知,三次洪水总量仅为 2.58 亿 m³,而沙量却达 1.47 亿 t,较 20 世纪 80 年代汛期平均输沙量增加 1 亿 t,比 70 年代汛期平均输沙量增加 0.4 亿 t,几乎与多雨的 60 年代汛期平均输沙量持平。可见,"94·8"洪水产沙量之大(见表 2-17)。

表 2-17　无定河白家川站"94·8"洪水产流产沙量与多年汛期平均比较

洪水时段	水量 (万 m³)	沙量 (万 t)	最大洪峰流量 (m³/s)	最大含沙量 (kg/m³)
1984 年 8 月 3 日 09:00 至 8 月 6 日 20:00	13 254	7 493	3 200	560
1984 年 8 月 10 日 09:45 至 8 月 12 日 16:00	9 576	5 689	2 500	650
1984 年 8 月 23 日 22:36 至 8 月 24 日 24:00	2 936	1 463	770	860
三次洪水合计	25 766	14 645	3 200	860
1957~1959 年汛期平均	84 390	25 682	2 970	1 260
1960~1969 年汛期平均	71 445	16 173	4 980	1 290
1970~1979 年汛期平均	54 810	10 732	3 840	1 180
1980~1989 年汛期平均	39 507	4 237	1 760	1 280

3)形成较大洪水泥沙的原因分析

形成较大洪水泥沙的原因是很复杂的,现以有代表性的绥德小石沟典型小流域进行分析,对今后分析水土保持减沙效益是有启示的。

小石沟是绥德水保站辛店沟试验场左岸一条支沟,流域面积 0.23 km²,属黄土丘陵沟壑区第一副区,建场前年平均侵蚀模数 1.99 万 t/(km²·a)。1953 年建试验场后,先后选择了小石沟、第三试验沟、育林沟等进行不同治理特点的小流域治理,并以青阳岇沟为非治理沟进行观测分析,各小流域的基本特征见表 2-18。

表 2-18　辛店沟小流域基本特征

项目	小石沟	第三试验场	育林沟	青阳岇沟
流域面积(km²)	0.23	0.302	0.137	0.369
主沟长度(km)	0.56	0.85	0.4	1.13
沟壑密度(km/km²)	5.5	6.33	3.83	7.68
沟道比降(%)	8.4	8.8	19	3.2
沟间地占总面积(%)	63.8	53.9	56.4	52.1
沟谷地占总面积(%)	36.1	47.1	43.6	47.9

小石沟是一条以农田、果园为主,工程措施和生物措施综合治理的小流域。通过山顶营造梁岇林带,防风固土;梁岇坡修梯田、种果园,拦蓄降水,保持水土,把梁岇坡变成农业及果品生产基地;岇边营造岇边防护带,拦截梁岇坡剩余径流,防止溯源侵蚀;谷坡营造灌木林,扼制产流,固土护坡;沟底打坝堰,使水土"流而不失",变荒沟为坝地,实现川台化,进行"五道防线"的综合治理,取得了很多成功的经验。小石沟 1994 年前土地利用现状见表 2-19。

表 2-19　小石沟 1994 年前土地利用现状

项目	农地			林地			果园	草地			荒坡地	非生产用地	合计
	坝地	梯田	小计	乔木	灌木	小计		人工	天然	小计			
面积（hm²）	1.60	2.80	4.40	0.93	3.53	4.46	4.81	1.47	3.84	5.31	1.33	2.67	22.98
所占比例（%）	7.0	12.2	19.2	4.0	15.4	19.4	20.9	6.4	16.7	23.1	5.8	11.6	100

　　经过几十年的治理,根据 1980～1981 年效益分析成果,辛店沟各小流域都取得了显著的增产拦沙效益,见表 2-20。从表列成果可以看出,小石沟是辛店沟治理程度较高的小流域,经济效益和减水减沙效益也最高。

表 2-20　辛店沟小流域效益分析(1980～1981 年)

小流域	治理程度（%）	经济收益(元/km²)				减水减沙效益(%)	
		农业	林园	牧草	合计	减水	减沙
小石沟	83	22 284	13 293	498	36 075	100	100
第三试验场	55.6	11 712	1 053	5 348	18 113	94.5	98.7
育林沟	78.5	2 847	3 803	628	7 278	63.8	71
青阳岇沟		12 808		257	13 065		

　　注:第三试验场主要进行农、林、牧综合配置,育林沟是以林业为主的小流域,青阳岇沟为非治理小流域。

　　但是,在"94·8"暴雨中却遭受了较大的洪水灾害,据绥德水保站分析,"94·8"暴雨产生的洪量与相邻的未治理的桥沟流域相近,洪水径流模数达 8 万 m³/km²,由于坝库有效库容较小,泄洪设施排洪能力与本次暴雨产洪量相比较小,沟底 6 座淤地坝相继水毁,小石沟洪水直冲试验场场部,冲倒场部石畔进入主沟槽,是建场以来从未发生过的。人们不禁要问,像小石沟这样治理程度较高的综合治理小流域为什么会发生这样大的洪水?这些洪水是从哪里来的?

　　1994 年 8 月 4 日 18 时至 5 日 7 时,两次降水历时 6 h 40 min,辛店沟试验场降雨 159.7 mm,据绥德水保站分析为 80 年一遇降雨,超过了现有措施的防洪标准。据调查,洪水首先来自占流域面积 40% 的梁岇坡上的梯田和果园。调查发现,梯田和果园由于老化失修,道道梯田大部分被冲毁,蓄水能力很小,产生的径流几乎全部流失;其次是来自陡坡上的林地和草地,小石沟林草植被很好,覆盖度多数在 80% 以上,防冲能力很强,但所处位置是在陡坡上,加之没有枯枝落叶层,拦蓄能力很弱;第三是来自沟底的坝地,小石沟 6 座淤地坝全被拉开缺口,滞留的洪量也不多;第四是来自陡崖和非生产用地,由于非生产用地较治理前有所增加,产生的洪水也较前有所增加。由此可见,有拦蓄能力的措施遭到破坏,失去了拦蓄能力,没有破坏的措施也拦蓄不多,在这样的情况下,自然会产生较大洪水。通过以上分析不难看出，即使治理程度较高的小流域，随着时间的推移，水土保持工程不断受到损坏，若未及时修复，在遭受较大暴雨时，难免水毁破坏。因此，已建工程应及时维修加固，并不断增加新的治理措施，从而减少或避免洪水灾害。

2. 北洛河流域

北洛河流域1994年先后3次遭受洪水袭击，分别发生在7月7日、8月10日和8月30~31日，其中8月30~31日洪水，由于暴雨来势凶猛，雨量集中，给当地造成了较大的经济损失，尤以吴起、志丹灾情最为严重。

1）暴雨情况

8月30~31日的降雨主要发生在30日20时至31日凌晨2时，总历时约为6 h。暴雨中心位于北洛河上游支流乱石头川的吴仓堡乡境内，据本区的孙台水库雨量资料，本次暴雨的降雨量214.0 mm，其他各站的相应降雨量分别为：庙沟110.0 mm、楼坊坪110.0 mm、王洼子91.0 mm、新寨89.0 mm、志丹县城91.0 mm。本次暴雨大于100 mm雨量笼罩面积1 966 km²，90~100 mm雨量笼罩面积4 900 km²，50~90 mm雨量笼罩面积4 250 km²，由此可见，本次暴雨笼罩范围较大。由本次暴雨等值线图（见图2-7）可以量得，本次降雨在刘家河以上总降雨量约为10.6亿 m³，刘家河站相应忽视的洪量为2.4亿 m³，其径流系数为0.23，可见本次暴雨的径流系数是比较大的，又由于暴雨主要发生在上游水土流失极其严重的黄土丘陵沟壑区，产流产沙比较大。

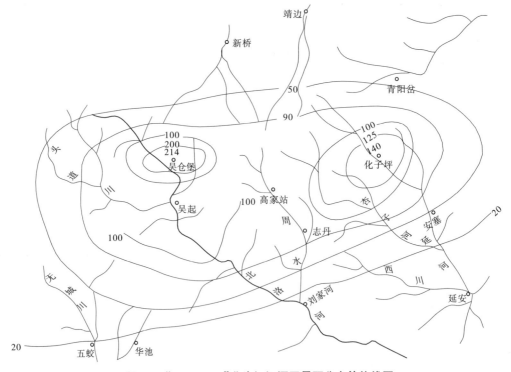

图2-7　"94·8·31"北洛河河源区暴雨分布等值线图

2）产流产沙

本次暴雨雨量大、来势猛，给北洛河干流造成了较大洪水灾害。据北洛河流域各水文站的观测,本次洪水在干流各站均突破了实测系列的最大洪峰流量,干流沿程各站的次洪水量分别为:吴起站 14 209 万 m³、刘家河站 23 775 万 m³、交口河站 20 851 万 m³、洑头站 13 481 万 m³。

本次洪水流域产沙量很大,8 月 31 日吴起县城进水,县水利水保局院内泥沙淤厚 1 m 多;富县县城进水,曾组织 6 个乡民兵 4 923 人(次),出动拖拉机 410 台(次),清理街道淤泥 20 余天。据刘家河、洑头水文站实测资料,刘家河站 1994 年输沙量为 2.325 亿 t,洑头站年输沙量为 2.632 亿 t,均为设站以来的最大值(见图 2-8 、图 2-9)。

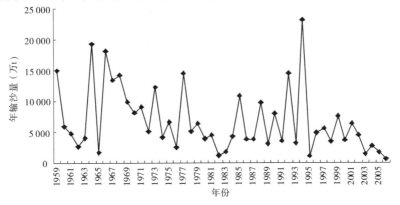

图 2-8 北洛河刘家河站年输沙量过程线

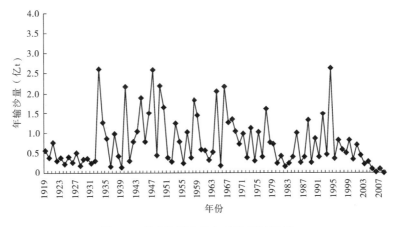

图 2-9 北洛河洑头站年输沙量过程线

3)形成较大洪水泥沙的原因分析

新中国成立以来,北洛河流域水利水土保持工作取得了很大成绩,全流域共修建水库 78 座,总库容 23 408 万 m³,其中 100 万 m³ 以上水库 19 座,总库容 14 728 万 m³,其余为小型水库,总库容 8 679 万 m³,这些水库大多分布在水土流失较轻地区。水土流失严重的黄土丘陵沟壑区吴起、志丹两县淤地坝建设发展也较快,如吴起县,至 1989 年共建淤地坝 183 座,累积总库容 1.5 亿 m³,累积淤积量 1.04 亿 m³,淤积较快。至 1989 年底全流域共修建梯田、埝地 9.64 万 hm²,造林 11.1 万 hm²,种草 2.42 万 hm²,坝地 0.36 万 hm²,封山育林 1.16 万 hm²,总治理水土流失面积 2 483.9 km²。在这样的治理条件下,为什么会发生这样大的洪水泥沙呢?我们认为主要有以下原因:

（1）遇超标准暴雨。1994 年 8 月 31 日北洛河上游支流乱石头川一带最大 6 h 降雨量在 200 mm 以上，其中孙台水库为 214 mm，据延安地区水文手册推知为百年一遇洪水，而骨干坝的设计洪水标准仅为 20～30 年一遇，一般的淤地坝设计洪水标准则更低，在这种超标准暴雨情况下，出现淤地坝水毁是难免的。

（2）工程质量差。据延安地区水利水土保持局提供的资料，全区在北洛河流域现有大型淤地坝 69 座，中型淤地坝 391 座，小型淤地坝 1 530 座，其中大、中、小型病险坝分别为 36 座、223 座和 231 座，占各自总坝数的 52%、57% 和 15%。在调查中发现，本区大型淤地坝大多数建于 20 世纪 60～70 年代，群众自发建坝多、"三边"工程多，布局不尽合理，在施工方面无质量保证，在我们调查的大中型淤地坝中，真正由于洪水漫顶而溃决的不多，大多数是坝体穿洞而引起冲决，也有的是排水设施质量不过关造成回淘而引起坝体毁坏。

（3）工程管护薄弱。多年来，"重建轻管，只建不管"是水利建设中普遍存在的问题，不少地方喊得凶、抓得松，管理工作十分薄弱。由于本区淤地坝大都修建于 20 世纪 60～70 年代，绝大部分都超过了淤积年限，因此淤地坝的拦洪能力极低或已失去了拦蓄洪水的能力。调查中发现，有些坝库虽然实行了以坝养坝，承包管理责任制，但乡、村监督措施跟不上，同样处于无人管护或管护不力的状况。这样势必造成已建的淤地坝长期得不到有效维护的局面，难以发挥淤地坝的正常防洪拦泥效益。

（4）防洪能力偏低。据调查，大部分梯田在修建过程中并未达到水平梯田的标准，同时有很大一部分又无边埂，因此极易形成田间坡面流，一遇较大的洪水就会产生较大的径流，从而使梯田遭到破坏；同时，有相当一部分淤地坝的防洪能力不足，据我们调查，现有淤地坝的防洪标准多数在 5 年一遇或 10 年一遇洪水，而且质量较差，暴雨时易发生水毁。

（5）思想麻痹。近十几年来，黄河中游汛期降水比较均衡，基本上未发生大雨洪灾害，粮食连年增产，减水减沙效益也比较显著。这样，在群众甚至一些干部中，滋长了麻痹思想和侥幸心理，有的认为不会发生大的暴雨洪水灾害，即使发生，损失也不会太大；有的认为流域治理程度已经很高，而且洪水泥沙多年没有出沟，基本上控制了洪水泥沙，从而丧失了警惕，结果洪水一来，造成大量产流产沙，损失惨重。

4）"94·8"暴雨对水土保持措施减水减沙作用影响评价

水土保持单项措施主要指梯田、造林、种草、淤地坝等。现对"94·8"暴雨作用下水土保持单项措施减水减沙作用进行分析评价。

（1）梯田。梯田是一项面积较大的水土保持措施，主要作用是蓄水保土，减轻土壤侵蚀，改善农作物的生长条件，提高作物产量，促进土地利用结构和农村产业结构的调整。但由于有些梯田在规划、设计、施工、管理等技术环节上有缺陷，在暴雨作用下出现损坏，拦蓄效益大为降低。调查认为，梯田的减水减沙作用存在以下规律：

一是梯田的减水减沙作用与暴雨大小有密切关系。米脂县榆林沟，1994 年 8 月 3～5 日流域平均降水量 50 mm 左右，沟口大坝蓄满了水，而坡面上的梯田损坏较少，说明在暴雨不大的情况下，梯田的减水减沙作用是显著的；绥德韭园沟和辛店沟，1994 年 8 月 4～5 日降水量 150 mm 左右，我们调查的几块梯田田坎的损坏率几乎达 100%，即使新修梯田（如绥德龙湾村）损坏率也达 80%（见图 2-10）。

图 2-10　水平梯田在暴雨作用下埝坎破坏

　　二是梯田的损坏与年久失修有关。据绥德水保站 1985 年对米脂县 8 个村调查,在总长 2 619 m 的田块中,20 世纪 50 年代修的损坏率占 77%,60 年代修的损坏率占 14.7%,70 年代修的损坏率占 5.4%,80 年代修的损坏率占 1.8%。但随着时间的推移,七八十年代修的梯田损坏率也明显上升,如辛店沟后山上有四块宽梯田,在"94·8"暴雨中,从上到下全部被冲毁。

　　三是梯田的拦蓄能力与梯田的质量密切相关。原有的梯田地坎,多数是脚踩锹拍而成,田块大部分为虚土填筑,田坎高而陡,填土未夯实,田块表层脱落、块状坍塌、埝基崩塌等为数众多,暴雨时极易陷穴穿洞,拦蓄能力大为降低。我们调查了几处陷穴处的洪水痕迹,水深多数在 10 cm 以下,也就是说现有梯田最大拦蓄能力为 10 cm 深的径流,即一次降雨量超过 100 mm 便发生损坏(见表 2-21),由表列成果可以看出,子洲、绥德、靖边、吴堡四县,最大一次降雨量均超过 100 mm,梯田水毁率平均为 13.0%。

表 2-21　黄河中游部分县"94·8"暴雨梯田冲毁情况

县名	一次降雨量(mm)	原有梯田(万 hm²)	冲毁梯田(万 hm²)	冲毁率(%)
子洲	130.0	2.68	0.13	4.9
绥德	144.2	3.26	0.45	13.8
靖边	134.0	0.45	0.18	40.0
吴堡	137.9	0.77	0.17	22.1
合计	136.6	7.16	0.93	13.0

　　(2)造林、种草。在黄土丘陵沟壑区,近期造林、种草发展很快,造林、种草在暴雨作用下的减水减沙作用令人关注。

林草的防冲减蚀作用在一般降水情况下是很大的,但在较大暴雨情况下则有很大不同。作者调查了几块柠条和杂草密集的林地,在 1994 年暴雨情况下,林地坡面来水仍较大,林地坡面下的集流槽或陡坡冲刷比较严重(见图 2-11),有的还发生了重力侵蚀(见图 2-12),说明林草在较大暴雨情况下减水减沙的脆弱性。

图 2-11　灌木林坡面陡坎水力冲刷　　　　图 2-12　灌木林坡面暴雨重力侵蚀

此外,北洛河河源区 1994 年之所以发生较大洪水,与天然林面积减少有直接关系。北洛河上游和中游有两大林区,即子午林区和黄龙林区,总面积 10 370 km²,据陕西省水保局调查,延安地区天然林面积 20 世纪 80 年代初比 50 年代初减少 46.4%。天然林面积的减少,失去了涵养水源、保持水土的作用,因此遭遇暴雨发生较大洪水势所必然。

(3)淤地坝。淤地坝是拦泥、增产、减少入黄泥沙的一项主要措施。但黄河中游地区汛期降雨集中,且多暴雨,洪水来势凶猛,淤地坝易遭受不同程度的毁坏(见表 2-22)。从表列成果可以看出,黄河中游子洲、绥德等 8 县在一次平均降雨 125.1 mm 的情况下,淤地坝座数水毁率达 46.8%,坝地水毁率达 12.2%。

表 2-22　黄河中游部分县"94·8"暴雨淤地坝水毁情况

县名	最大一次降水量（mm）	淤地坝水毁情况			坝地水毁情况		
		全县总座数（座）	水毁座数（座）	水毁率（%）	全县总坝地（hm²）	水毁坝地（hm²）	水毁率（%）
子洲	130.0	968	821	84.8	3 693.33	226.67	6.1
绥德	144.2	1 502	798	53.1	3 213.33	573.33	17.8
横山	150.0	1 965	434	22.1	4 900.00	693.33	14.1
靖边	134.0	1 829	1 234	67.5	6 040.00	493.33	8.2
定边	128.4	289	272	94.1	1 260.00		
吴堡	137.0	418	162	38.8	860.00	393.33	45.7
吴起	90.0	220	65	29.5	1 113.33	180.00	16.2
志丹	86.0	1 119	101	9.0	726.67	106.67	14.7
合计	125.1	8 310	3 887	46.8	21 806.66	2 666.66	12.2

2.4　对黄河中游暴雨产流产沙波动规律的认识

2.4.1　历史上水沙波动规律

根据水电部水电建设总局、北京勘测设计院、西北勘测设计院、中国水利水电科学研究院、黄河水利委员会、中国科学院地理科学与资源研究所、中国科学院兰州冰川冻土研究所等单位研究提出的"黄河中上游 1922～1932 年连续枯水段调查分析报告"和黄河中游陕县站 1736 年以来水量变化统计结果(见表 2-23),黄河中上游水沙波动存在着丰、平、枯相间的周期规律。在 200 多年的长时段内,大致可分为 4 个周期,每个周期的时间间隔为 50～70 年。在历史上黄河中下游曾出现过三次特大洪水,即 1662 年(清康熙元年)、1761 年(清乾隆二十六年)和 1843 年(清道光二十三年),时间间隔大约 100 年。事实表明,枯水段之后便出现丰水段,在丰水段往往伴随强暴雨,产流产沙很大。例如,1922～1932 年,黄河流域连续 11 年枯水枯沙,经多方考证研究,认为是 200 多年来最枯的一个枯水段,但该枯水段过后,1933 年黄河陕县站出现特大大水大沙年,最大洪峰流量 22 000 m³/s,实测年输沙量 39.1 亿 t,两者都是陕县站 1919 年设站观测以来近百年以来的最大值,这些泥沙主要来自黄河中游水土流失严重地区。

表 2-23　黄河中上游(陕县)历年径流量变化定性

周期	年限	年数	连续枯水段	
			年限	年数
第一周期	1736～1806 年	71	1758～1765 年	8
			1784～1796 年	13
第二周期	1807～1882 年	76	1836～1840 年	5
			1857～1866 年	10
			1872～1882 年	11
第三周期	1883～1932 年	50	1904～1909 年	6
			1922～1932 年	11
第四周期	1933～2011 年	79	1969～1975 年	7
			1975～2011 年	37

这种水沙由枯转丰、由少转多,再由丰转枯、由多转少的波动特性,在历史上是客观规律,水沙的这种波动性主要取决于气候的波动,对于人类活动影响较小时期,是一个自然过程。

2.4.2　近数十年水沙波动规律

在第四周期中,1969～1975 年,黄河流域遭遇连续 7 年的枯水枯沙段,仅隔了一年,

1977年出现了大水大沙年。该年陕北地区共发生三次大面积、高强度暴雨,暴雨中心最大日降雨量都在200 mm以上。第一次暴雨发生在7月5～6日,暴雨中心在延河上游支流杏子河流域,延河甘谷驿水文站出现了9 030 m³/s的特大洪水。第二次暴雨发生在8月1～2日,暴雨中心在陕西与内蒙古交界处的木多才当,10 h调查降雨量1 400 mm,在中心地区1 860 km²范围内降水总量达10亿m³。降雨之集中,强度之大,实属罕见。因该次暴雨中心位于沙漠地区,因此未产生大洪水。而此次暴雨涉及的孤山川流域降雨200多mm,形成孤山川高石崖站10 300 m³/s特大洪水,年产沙量达0.84亿t,为历年之冠。第三次暴雨发生在8月5～6日,暴雨中心在无定河和屈产河下游,无定河白家川至川口区间544 km²的流域面积上产生了5 480 m³/s的洪峰流量。这三次暴雨洪水,致使河龙区间年产沙量达15.96亿t,三门峡年输沙量22.4亿t,造成黄河下游河道严重淤积。

又如1988年、1989年皇甫川、窟野河连续两年暴雨产沙都比较大;1994年无定河、北洛河发生较大暴雨洪水,造成严重的泥沙问题;2002年清涧河发生特大暴雨,洪水涌入子长县城,造成严重的经济损失,2012年7月皇甫川、窟野河又发生较大洪水。因此,可以得到这样的认识:河龙区间高强度、大面积、长历时暴雨洪水的出现往往主宰着黄河输沙量的巨变,即使在具有一定治理规模的地区,也可能发生局部区域洪水,造成严重的泥沙问题。

综合以上分析,历史资料告诉我们这样一个客观事实:黄河水沙存在丰枯相间的周期性变化规律,水沙连枯或水沙连丰都不会永久持续下去,水沙连枯之后还会遇到雨量丰沛时期,还会发生较大输沙量。

参 考 文 献

[1] 王国安. 可能最大暴雨和洪水计算原理与方法[M]. 北京:中国水利水电出版社,1999.
[2] 张胜利,李倬,赵文林,等. 黄河中游多沙粗沙区水沙变化原因及发展趋势[M]. 郑州:黄河水利出版社,1998.
[3] 王万忠,焦菊英. 黄土高原降雨侵蚀产沙与黄河输沙[M]. 北京:科学出版社,1996.
[4] 黄河水利委员会水文局. 黄河水文志[M]. 郑州:河南人民出版社,1996.
[5] 王涌泉. 1933年黄河洪水灾害的启示[N]. 黄河报,2012-06-14.
[6] 姚文艺,徐建华,冉大川,等. 黄河流域水沙变化情势分析与评价[M]. 郑州:黄河水利出版社,2011.

第 3 章　黄河中游水土保持减水减沙
回顾评价

黄河中游水土保持减沙效益研究关系黄河治理全局,不仅是正确评估水利水保措施等人类活动减少入黄水沙量,全面认识水资源开发利用对水沙条件的影响,而且是做好长期水土保持规划、水资源开发利用规划和流域治理开发规划的一项重要应用基础研究工作。长期以来,黄河水利委员会等有关单位对水利水保措施等人类活动减水减沙作用进行了大量研究,取得了丰硕成果,但由于降雨过程的多变性、水利水保措施等人类活动的多样性以及地面物质形态的复杂性,水土保持减沙作用仍存在较大分歧。近年来曾对黄河水沙减少的原因进行了一些探讨,归纳起来主要有两种认识,一种认为主要是人类活动造成的,即近年来由于流域内水利水保措施快速发展以及植被自然修复等,下垫面发生了较大变化,蓄水拦沙能力加强,加上有些地区工农业用水量增多,采矿截断地下水流路,山体塌陷截留水量等;另一种认为,近期黄河水沙量减少,除以上原因外,主要还与近年来一些地区,特别是黄河中游河龙区间降雨减少有关,尤其是与大雨、暴雨及特大暴雨的频次、量级都有大幅度减少有关。

黄河水沙变化影响因素及其相互关系十分复杂,是一个庞大的系统工程,现阶段取得的成果多为阶段性的,特别是面对当前黄河水沙变化出现的一些新情况、新问题,深入研究水利水保措施减水减沙作用现状,分析暴雨对产流产沙的影响,科学预测未来水沙变化趋势,为黄河长治久安重大战略措施布局论证提供重要依据是非常迫切和需要的。

3.1　黄河中游水土保持减水减沙效益研究综述

3.1.1　水土保持减水减沙效益试验研究概况

3.1.1.1　黄委"三站"的试验研究概况

从 20 世纪四五十年代开始,绥德、天水、西峰三个水土保持科学试验站(简称黄委"三站")分别在黄土丘陵沟壑区(简称黄丘区)第一副区、第三副区,黄土高原沟壑区选择典型小流域,布设因子观测小区,进行径流泥沙、水土流失规律、水土保持措施作用机理、措施优化配置及治理效益等方面的野外观测和研究工作,积累了丰富的第一手资料。

1."三站"水文气象观测设施建设

1)黄土丘陵沟壑区第一副区

黄委在黄土丘陵沟壑区第一副区设立的绥德水土保持科学试验站,主要观测设施建设如下。

(1)韭园沟流域。

韭园沟原型观测站位于韭园沟流域的沟口,1954 年建站,观测 17 年后,于 1970 年中断,1974 年又恢复观测至今,到目前为止,已有 51 年的降水、径流、泥沙观测资料。

韭园沟原型观测站控制面积 70.1 km²,沟壑密度 5.34 km/km²,常水流量 0.02～0.04 m³/s,流域内有一级支沟 66 条,其中面积大于 1 km² 的 15 条,是黄土丘陵沟壑区第一副区的典型代表。该流域主要观测降水、径流、泥沙来源,研究综合治理对减水减沙效益的影响,主要是通过非治理沟裴家峁沟原型观测站进行对比分析。观测设施:泥沙站小水用三角量水槽观测,大水用溢洪道观测,采用浮标测流,在起水、涨水、峰顶、落水等水位转折变化处分别采集沙样,采用置换法求其含沙量。观测项目有水位、流量、含沙量和泥沙颗粒级配等。通过近 50 多年观测,其最大流量 184 m³/s(1959 年),最大含沙量 1 100 kg/m³(1959 年),全流域共布设雨量站 9 个,其中常年站 4 个,汛期站 5 个。全流域多年实测平均降水量 457.5 mm,最大年降水量 735.3 mm(1964 年),最小年降雨量 208.7 mm (1990 年)。

(2)王茂沟流域。

王茂沟流域面积 5.97 km²,1960 年在其沟口设径流观测站 1 个,1966 年撤销,1980 年恢复观测至今,已有 35 年的降水、径流泥沙观测资料。

王茂沟观测站主要是了解沟道坝系川台化建设后,径流泥沙变化情况,开展黄土丘陵区第一副区坝系小流域相对稳定研究。测流设施用溢洪道断面观测,观测项目与韭园沟站相同(水位、流量、含沙量)。

(3)裴家峁沟流域。

裴家峁沟流域面积 39.3 km²,是韭园沟流域的对比沟,为非治理小流域的代表,两沟相距 6.0 km,按照"治理沟与非治理沟对比、小流域套径流场"的原则布设,在沟口布设人工径流站 1 个,流域内布设雨量站 7 个,观测指标为水位、流量、含沙量和降水量,观测采用浮标法。设站目的为观测较大沟道的水土流失规律,验证韭园沟流域水土保持效益。目前有 29 年的水文观测资料。

(4)桥沟流域。

桥沟流域是裴家峁沟流域下游右岸的一级支沟,流域面积 0.45 km²,20 世纪 80 年代初,黄委组织专家考察论证后,决定建立具有物理成因的产流产沙模型的基本站,流域为自然沟道,在流域沟口、一支沟和二支沟分别布设 3 个径流泥沙观测站,为了研究该空白流域峁坡、沟谷等不同地貌类型径流泥沙来源的需求,在该流域按自然地貌布设 2 m 坡、5 m 坡、上半坡、下半坡、全峁坡、新谷坡、旧谷坡和全坡长 8 个大型野外径流场,4 个雨量站,观测指标为水位、流量、含沙量和降水量,采取人工和自动化相结合的方法,其中人工观测为三角槽观测,自动化观测辛店沟科技示范园项目新增建设,目前为试运行阶段,其含沙量观测取样设备配置和数据传输的技术手段尚为完备。各类项目 1986 年开始观测,通过一、二支沟对比,结合以上大型径流场观测分析,研究其峁坡、沟谷径流泥沙来源,并结合沟口站分析沟道输移比,截至目前有 24 年观测资料,是目前全国规模较大、观测项目较全的水土流失规律试验研究基地。

(5)辛店沟流域。

辛店沟流域位于无定河流域中游左岸的韭园沟流域和裴家峁沟之间,是综合治理与单项措施研究的基地。截至目前该流域布设雨量站 2 个,小气候自动站 1 个(温度、湿度、风速、风向、地温、土壤水分和降水 7 要素),为汛期站,措施径流小区包括林地径流小区 3 个,草灌混交小区 2 个,农地径流小区 1 个,休闲地径流小区 1 个,荒地径流小区 1 个,草地径流小区 1 个,梯田经济林径流小区 1 个,梯田无措施径流小区 1 个,措施全坡长径流小区 1 个,共设置措施小区 12 个,观测指标为次降雨径流量、含沙量。流域沟口设巴歇尔量水槽径流泥沙观测站 1 处,沟口控制面积 1.44 km²,观测指标为水位、流量、含沙量和降水量,采取人工和自动化相结合的方法,其中自动化观测为试运行阶段,其含沙量观测取样设备配置和数据传输的技术手段尚未完备,截至目前有 31 年的水文观测资料,流域径流、泥沙测验项目齐全,是黄土丘陵沟壑区第一副区水土流失治理研究和治理后侵蚀产沙演化研究的重要基地。曾开展单项治理措施和综合治理试验与水沙效益分析研究 4 项。

2) 黄土丘陵沟壑区第三副区

黄委天水水土保持科学试验站设于黄土丘陵沟壑区第三副区。1943 年以来,天水站先后在大柳树沟、吕二沟、罗玉沟、清水河以及桥子东沟、桥子西沟等不同类型区和不同尺度小流域进行了水土流失原型观测。目前运行的观测站网主要有吕二沟、罗玉沟、桥子东沟、桥子西沟 4 个观测基地。其中,罗玉沟小流域面积 72.79 km²,该观测站网主要进行小流域土壤侵蚀类型与特征研究、坡地径流小区的试验研究。1985 年设站,沟口布设 1 个径流泥沙观测站,流域内布设 24 个雨量站,并在其左岸一级支沟的桥子东沟、桥子西沟两条支沟中按照"相似流域、平行对比"的指导思想进行治理与非治理对比及综合治理效益的观测试验研究,桥子东沟为治理沟,桥子西沟为非治理沟。通过长期观测,取得了不同地类、地形、土壤、耕作方式等较为系统的降水、径流、泥沙资料,其中坡面小区径流泥沙资料 434 个站年,小流域径流泥沙资料 89 个站年,雨量资料 516 个站年。

3) 黄土高塬沟壑区

黄委西峰水土保持科学试验站是黄土高塬沟壑区的代表站。50 多年来,西峰站在南小河沟流域(面积 30.6 km²)先后布设 8 个测站,进行径流泥沙观测,研究小流域水土流失规律。随着水土保持科研事业的发展,又在庆阳、平凉增设了 17 个测站,取得了 220 站年的资料。在南小河沟还先后布设了农地、林地、人工草地、天然荒坡、庄园和道路径流场 76 个。截至 2006 年,共积累各种水沙资料 1 812 站(场)年。其中,降水量资料 793 站年,径流资料 214 站年,泥沙资料 214 站年,蒸发量资料 94 站年,径流场水沙资料 230 场年,径流场土壤含水率实测资料 244 场年,坝库水沙资料 23 库年。

2. 三站取得的主要试验研究成果

1) 水土流失规律研究

自 1954 年开始,在黄土高塬沟壑区的南小河沟流域(流域面积 30.6 km²),选定治理的杨家沟(流域面积 0.87 km²)和非治理的董庄沟(流域面积 1.15 km²)作为对比,进行水土流失规律研究。近 50 年的研究成果表明:黄土高塬沟壑区(其地貌类型分为塬、坡、沟三种)67.4% 的径流来自塬面,86.3% 的泥沙来自沟谷;塬水下沟和沟谷重力侵蚀是这一地区水土流失的主要特征;南小河沟流域沟谷地单位面积侵蚀量是沟间地的 9.4 倍,如果沟间地的径流和泥沙就地拦蓄,则沟谷地的侵蚀量比沟间地仅大 1.26 ~ 1.49 倍。南小河沟流域重力侵蚀面积占流域总面积的 9.1%,重力侵蚀产沙量占流域总产沙量的 57.5%。

在黄土高塬沟壑区进行塬面土壤侵蚀研究,建立土壤侵蚀的数学模型,单靠观测天然降雨造成的水土流失,周期太长,尤其是稀有频率暴雨很难观测到,必须借助人工模拟降雨试验的方法,以快速获得相关资料。黄委西峰水土保持科学试验站于 1984 年开始进行人工模拟降雨的设备研制工作,历时 6 年,经过上万次的试验,一种全国乃至世界上规模最大的人工模拟降雨装置试验成功,受到了国内外许多知名专家的赞赏。十几个国家的四十多名专家前来参观,国内参观访问者更是络绎不绝。在黄土高塬沟壑区塬面土壤侵蚀研究(历时 9 年)中,共布设各种因子小区 40 个。首先进行了南小河沟流域天然降雨特性分析、土壤入渗试验、土壤含水量—雨强—侵蚀量关系研究和土壤理化特性的研究;其次进行了植被、地形、土壤可蚀性、土壤含水量及允许流失量的研究,取得了一批相当有价值的阶段性研究成果。

西峰站从 1990 年开始和中国科学院、水利部成都山地灾害与环境研究所合作,对南小河沟流域不同土地利用类型的 ^{137}Cs 含量进行了测定,计算了南小河沟梯田、刺槐林、草地的土壤侵蚀量:根据梯田和坡耕地各剖面 ^{137}Cs 总量的平均值和农耕地土壤侵蚀量计算公式,求得梯田和坡耕地的年均侵蚀模数分别为 91.3 t/km^2 和 2 664 t/km^2,梯田较坡耕地拦沙效益高出 96.6%。

天水站在罗玉沟流域三种土壤侵蚀区内,分别对坡面、沟道及重力侵蚀方面进行了实地观测并计算出数万个泥沙数据,求得平沙年小流域推移质、悬移质的数量占全沙量 25%;平沙年小流域年输沙量中,坡面、沟道和重力侵蚀所占比例分别为 46%、42%、12%,流域中的坡面与沟道的泥沙量各占一半。坡面是洪水及细泥沙的主要来源区,沟道是推移质的集中产地。土壤流失主要是随洪水输移流失,常水流失甚少。成果鉴定专家认为,该成果为黄土高原综合开发治理方案提供了依据,提供了丘三区典型小流域土壤侵蚀特征研究数据,达到国内同类研究的先进水平,可在同类型区推广应用。

天水水保站李建牢等(1989)利用甘肃天水试验站资料,选取降雨、土壤可蚀性、坡度、坡长、土地利用 5 个因子,建立了因子值乘积形式的方程式,估算多年平均土壤流失量。其基本形式直接应用美国 USLE,但进行了一些参数估算的调整。降雨因子采用降雨动能与最大 30 min 雨强之乘积,土壤可蚀性因子则根据诺模图建立了与土壤抗分散性的指数关系式。根据地形状况修订了坡度坡长因子中的指数,给出 4 种不同土地利用的系数值。

绥德站在绥德县桥沟流域布设了全国第一个未治理流域的大型坡面径流场。通过观测分析,摸清了黄土丘陵沟壑第一副区不同地貌类型、不同土地类型的产水产沙规律及水保措施的减水减沙效益;分析总结出小流域暴雨特性、土壤侵蚀特征等定量定性结论,建立了产流产沙数学模型;主持完成了黄河中游河龙区间水土保持措施减水减沙作用分析、多沙粗沙区水沙变化原因分析及发展趋势预测和黄土丘陵沟壑第一副区水土流失规律及水土保持减水减沙效益试验研究等多项国家、部委课题,其中黄土丘陵沟壑第一副区水土流失规律及水土保持减水减沙效益试验研究和黄河中游河龙区间水土保持措施减水减沙作用分析研究成果分别获得水利部科技进步三等奖和陕西省科技进步二等奖。

2)水土保持措施蓄水减沙效益研究

西峰站对南小河沟流域淤地坝减轻沟蚀作用进行的观测研究结果表明:局部沟段坝地的固沟作用,使小流域的沟蚀量减轻了 16.2%。研究发现,水土保持坡面治理措施实施后也有明显减轻沟蚀的作用。经对南小河沟流域内的杨家沟、董庄沟两条支沟对比观测,塬面水不下沟比水下沟减轻沟蚀30%～70%。

黄委西峰水土保持科学试验站李倬通过对南小河沟流域杨家沟沟谷林木的减沙机理和林木固沟减蚀作用的研究,发现因林地面积占流域面积的40%,且主要集中于沟谷,因而其减沙效益高达92.6%,而且在特大暴雨中同样能发挥显著而稳定的减沙作用;根据杨家沟和董庄沟各自的输沙率—流量关系对比分析,杨家沟林木固沟减蚀量占总减沙量的27%;1958～1965年因杨家沟减洪效益45.9%可以实现减沙效益63%。据此提出在黄土高塬沟壑区小流域综合治理工作中,不必遵循自上而下的塬、坡、沟治理顺序,可以先治沟,以林木固沟为重点和先行,适地适树,密植速生林,快速减沙。

在森林对径流泥沙的影响研究方面,黄委西峰水土保持科学试验站1956～1962年选定子午岭林区的合水川(流域面积836 km²,其中板桥水文站以上控制面积807 km²)和党家川(流域面积30 km²),对子午岭林区森林植被的拦洪减沙效益进行了深入研究。结果表明:森林拦蓄暴雨径流平均达到70%,最高达90%;削减洪峰流量在60%以上,拦泥效益达99%～100%。无林流域(主要是人类破坏所致)与有林流域相比,其多年平均含沙量和测点最大含沙量前者是后者的440倍和34倍。

在水土保持对小流域地表径流的影响研究方面,黄委西峰水土保持科学试验站和中国科学院、水利部水土保持研究所的联合研究结果是:根据南小河沟流域杨家沟和董庄沟多年的观测资料分析,水土保持措施能使黄土高塬沟壑区的小流域产洪次数减少,地表径流模数和径流系数减小;使小流域地表径流模数的年际变率增大;在洪水产流过程中,水土保持措施使流域产流起始时间滞后,径流持续时间缩短,瞬时流量及洪峰流量降低以至消失。南小河沟流域塬面道路径流模数是天然荒坡的8～32倍。

3)水土保持治理措施配置研究

西峰站针对黄土高塬沟壑区径流泥沙来源的自然规律,提出了"保塬固沟"的治理方针,并在实践中总结提出了"三道防线"和"四个生态经济带"的综合治理模式,在黄土高塬沟壑区得到了广泛推广应用。

"三道防线"综合治理模式即"塬面修建条田和沟头防护工程;沟坡整地造林,发展果园,种植牧草;沟道修建拦蓄工程,营造防冲林";"四个生态经济带"即"塬面农业生态经济带,塬边林果生态经济带,沟坡草灌生态经济带,沟底水利生态经济带"。该治理模式在泾河流域推广后,取得了显著的蓄水保土效益。采取"三道防线"治理模式所建立的南小河沟流域综合治理典型,根据1955～1974年的观测资料对比分析,治理程度达58%,多年平均拦蓄径流效益55.6%,拦蓄泥沙效益97.2%,其中土坝和土谷坊等工程措施拦沙量占总拦沙量的82.3%;粮食产量提高了2倍,木材蓄积量达12 400 m³。流域内的杨家沟是以林草措施为主综合治理支毛沟的典型,林草覆盖率在80%以上,拦蓄径流效益57.9%,拦蓄泥沙效益81.3%。这一典型已在甘肃省庆阳地区140多条小流域和部分大、中流域中推广,面积达8 400 km²。

3.1.1.2 黄委及有关单位的主要研究概况

20世纪70年代以来,特别是80年代,黄河来水来沙明显减少,引起了社会各界的关注。1986年6月,中国水利学会泥沙专业委员会和黄委在郑州联合召开了"黄河中游近期水沙变化情况研讨会",在这次会议的推动下,1987 年水利部拨专款设立了"黄河水沙变化研究基金"(简称水沙基金)进行了一、二期黄河水沙变化研究,与此同时,黄委黄河流域水保科研基金进行了"黄河中游多沙粗沙区水土保持减水减沙效益及水沙变化趋势研究"❶,国家自然科学基金"黄河流域环境演变与水沙运行规律研究","八五"国家重点科技攻关项目"黄河中游多沙粗沙区水沙变化原因及发展趋势"专题,以及黄委多项专题研究❷等都对黄河中游水利水保措施减水减沙效益进行了大量调查研究工作:

1987 年,水利部拨专款成立了"黄河水沙变化研究基金",以上游和中游支流为重点进行了第一期、第二期黄河水沙变化研究,2002 年 9 月,编印出版了《黄河水沙变化》(第一卷、第二卷),在暴雨产流产沙规律和水土保持减水减沙效益研究方面取得了一批新成果。

1988 年 7 月至 1992 年 12 月,国家自然科学基金重大项目《黄河流域环境演变与水沙运行规律研究》,对"黄河流域侵蚀产沙规律及水土保持减沙效益"进行了研究。

1987 年 8 月至 1992 年 12 月,黄委黄河流域水土保持科研基金安排了"黄河中游多沙粗沙区水土保持减水减沙效益及水沙变化趋势研究",以 20 多条多沙粗沙支流为重点,对该区域内水土保持减水减沙效益及水沙变化趋势进行了研究。

1993 ~ 1995 年,"八五"国家重点科技攻关"黄河治理与水资源开发利用"项目"多沙粗沙区水沙变化原因分析及发展趋势预测"专题,对多沙粗沙区的重点支流无定河、皇甫川、三川河、窟野河以及多沙粗沙区水土保持措施减水减沙作用进行了分析研究。

1991 ~ 1995 年,黄委黄河上中游管理局"八五"重点课题"黄河中游河口镇至龙门区间水土保持措施减水减沙效益研究",深入研究区域,对不同类型区、不同地貌类型进行典型调查,收集河龙区间 50 个县(旗)的"土地详查"等基本资料,采用"二阶等距抽样法",在对该区域内的水土保持四项基本措施(梯、林、草、坝)数量、质量及分布进行调查核实的基础上,开展了"黄河中游河龙区间水土保持措施减水减沙效益研究",并出版了专著。

1999 年 4 月至 2000 年 11 月,水利部第二期黄河水沙变化研究基金项目"泾河、北洛河、渭河流域水土保持措施减水减沙作用分析",在对统计年报资料进行核实时,主要利用了调查收集到的支流各县 1989 年土地详查资料和 1996 年土地变更资料进行核实,对"泾河、北洛河、渭河流域水土保持措施减水减沙作用分析"进行了分析。

1999 年 6 月,黄河水利科学研究院受黄委设计院的委托,完成了《黄河中游水土保持减沙效益分析》报告。

2002 年 2 月至 2007 年 10 月,黄委西峰水土保持科学试验站等单位完成黄委"十五"重大科技项目水土保持专项"大理河流域水土保持生态工程建设的减沙作用研究"。

2004 ~ 2005 年,黄河水利科学研究院赵业安等进行了黄委专项课题"黄河水沙变化及预测分析"研究,提出了研究报告。

2010 年 6 月,张胜利、康玲玲等出版《黄河中游人类活动对径流泥沙影响研究》专著,

---

❶　黄河流域水土保持科研基金第四攻关课题组,黄河中游多沙粗沙区水土保持减水减沙效益及水沙变化趋势研究,1993.8。

❷　赵业安等,黄河水沙变化及预测分析,黄河水利科学研究院黄河水沙变化及预测分析课题组,2005.3。

就黄河中游人类活动对径流泥沙影响的历史、现状、未来进行了分析。

2011 年 11 月,姚文艺、徐建华、冉大川等根据"十一五"黄河流域水沙变化情势评价研究成果,出版了《黄河流域水沙变化情势分析与评价》专著,该书通过大量野外调研查勘、实测资料分析、数学模型模拟等方法,在以往有关黄河水沙变化研究成果的基础上,对黄河流域水沙变化规律、水沙变化成因等进行了系统研究,并对未来水沙变化情势进行了展望。该成果被专家鉴定为"达国际领先水平"。

3.1.2　水土保持减水减沙效益研究成果回顾评价

3.1.2.1　20 世纪五六十年代对水土保持减水减沙效益研究

水土保持减沙效益研究一直是黄河治理关注的重要课题。1954 年黄河综合治理规划,采用了 1956 ~ 1967 年间水土保持减沙效益 25%,修建 10 座支流拦泥库拦沙 25%,预估两项合计共减沙 50%,认为在一二十年内黄河输沙量可以减少一半,事实证明,这样的估计不切实际,教训深刻。

1957 ~ 1958 年,黄委会水科所受三门峡工程局的委托,对黄河流域实施大规模水土保持措施后将使三门峡年径流和输沙量可能改变情况进行了估计。估算结果认为,由于水土保持措施的实施,黄河流域地表径流将减少 38.5 亿(1967 年) ~ 73.7 亿 m^3(远景),地下径流将增加 3 亿 ~ 3.5 亿 m^3,两相抵消后,径流总量将减少 35.5 亿 ~ 67.9 亿 m^3;流域产沙 1967 年将减少 57.6%,远景减少 78.6%。事实证明,这样的估计也不切实际。

20 世纪 60 年代,围绕黄河三门峡水库出现的问题展开了一场拦泥与放淤的大争论,其中涉及水土保持对黄河治理的关系问题。一部分同志认为,黄河三门峡水库出现的问题是没有按规划进行水土保持和修建拦泥库,致使三门峡孤军作战,通过水土保持和修建拦泥库去正本清源,控制来沙,就可使下游避免决口改道,水土保持是治黄的根本;另一部分同志则认为,规划对水土保持减沙效益估计过于乐观,10 座拦泥库小、散、远,不能有效解决泥沙问题。水土保持首先应为西北人民解决贫困问题,不必依靠它解决治黄问题。黄河的特点是黄土搬家,既可用于发展华北平原,但又有很大破坏性(决口泛滥),如认识此规律,则可用泥沙有计划地淤高洼地,改良土壤,填海造陆。事实证明,此场争论并未影响水土保持工作的开展。

3.1.2.2　20 世纪 70 年代和 80 年代前期对水土保持减沙效益的研究

1. 试验小流域减水减沙效益研究成果

20 世纪 50 年代初期设立的试验小流域到 70 年代初期,通过水文观测资料证实,各项水利水保措施能有效地拦截泥沙。

经过对流域面积超过 10 km^2 并具有干、支、毛沟系统的小流域,以"水保法"为主间接推算逐年减水减沙效益,对面积较小一般在 0.2 ~ 5 km^2 只有支、毛沟系统小流域,以"对比沟法"直接计算逐年减水减沙效益,其结果列于表 3-1,从统计的 8 条小流域平均成果来看,当综合治理程度达到 40% 时,可减水 39%,减沙 52.2%[1]。

---

❶　华绍祖,黄河中游实验小流域的土壤侵蚀及水土保持效益,黄委会水保处,1982.1。

表 3-1　黄河中游小流域综合治理减水减沙效益

站名	流域名称	治理与对比	测站控制面积（km²）	资料年限	代表区类型	治理度（%）	年平均径流 模数（m³/km²）	年平均径流 效益（%）	年平均输沙 模数（t/km²）	年平均输沙 效益（%）
绥德	韭园沟	治理	70.1	1954~1969	黄土丘陵沟壑区第一副区	35.7	16 419	24.2	6 692	55.1
		对比		1974~1976			21 669		14 907	
绥德	想她沟	治理	0.454	1958~1961	黄土丘陵沟壑区第一副区	38.4	28 744	23.7	18 626	32.4
	团圆沟	对比	0.491				37 672		27 540	
绥德	王茂沟	治理	6.97	1962~1963	黄土丘陵沟壑区第一副区	25.4	6 666	19.4	2 416	50.4
	李家寨沟	对比	4.92				8 267		4 872	
山西水保所	王家沟	治理	9.1	1954~1975	黄土丘陵沟壑区第一副区	40.3	17 900	37.2	7 550	52.4
		对比					28 500		15 850	
	治理沟	治理	0.193	1956~1970	黄土丘陵沟壑区第一副区		17 400	49.4	10 100	49.5
	羊道沟	对比	0.206				34 400		20 000	
延安	大砭沟	治理	3.7	1961	黄土丘陵沟壑区第二副区	37.0	12 437	44.2	1 943	78.8
	小砭沟	对比	4.05	1963~1967			22 295		9 152	
西峰	南小河沟	治理	36.3	1955~1969	黄土高塬沟壑区	50.0	3 988	55.6	112	97.4
		对比		1971~1974			8 974		4 342	
西峰	杨家沟	治理	0.87	1954~1969	黄土高塬丘陵沟壑区	54.4	3 883	57.9	821	81.3
	董庄沟	对比	1.15	1972~1974			11 610		4 386	
平均						40.2		39.0		52.2

2. 黄河中游水土保持减沙效益研究主要成果

20 世纪 70 年代初期，一些较大流域，如无定河（30 261 km²）、汾河（39 471 km²）、清水河（14 481 km²）、大黑河（17 673 km²）等实施水利水保措施后，通过水文观测资料分析，河流输沙量也表现出明显减少趋势。例如汾河，根据汾河流域把口站——河津水文站实测资料统计，实测水沙量依时序递减（见表 3-2），这种变化固然与降水量的周期波动有一定关系，但主要是受人类活动的影响，特别是水利水土保持措施的减水减沙作用影响。

表 3-2　汾河河津水文站各年代水沙变化情况

年份	1950~1959	1960~1969	1970~1979	1980~1989	1990~1999	2000~2007
年径流量（亿 m³）	20.6	17.9	10.4	6.7	5.085	3.455
年输沙量（万 t）	9 080	3 440	1 910	450	0.026 9	0.002 8

以上水沙变化情势引起有关部门和单位的重视，为探讨黄河中游近期水沙变化情况，中国水利学会泥沙专业委员会和黄河水利委员会于 1986 年 6 月 24~27 日在郑州联合召

开了"黄河中游近期水沙变化情况研讨会"。研讨会的主要结论与观点归纳如下：

（1）1970～1984 年间，黄河中上游地区实测平均输沙量和径流量较 1950～1969 年减少 66.3 亿 m³，减少了 14.8%，输沙量减少 5.84 亿 t，减少了 33.7%，相应地降雨量减少了 11.0%。其中，河龙区间减少最多，减沙 38.8%，减水 36.0%，降雨量减少 14.5%。说明近十几年来降雨减少和水利水保措施的蓄水拦沙作用是黄河水量、沙量减少的主要原因。1970 年以来，黄土高原进入少雨期，年平均降雨量较前期减少 10%～15%，日降雨量大于 50 mm 和 100 mm 的次数也减少；同时，各项水利水保措施也起了重要作用。

（2）1960～1984 年平均每年拦蓄泥沙约 5.1 亿 t，其中干流水库每年拦蓄 1.0 亿 t，支流水库每年拦蓄 1.2 亿 t，灌溉引沙 0.6 亿 t，淤地坝拦沙 2.0 亿 t，梯田拦沙 0.3 亿 t。但需指出的是，拦蓄的泥沙并不直接等于减少的入黄泥沙。张胜利、赵业安等用水文法与水保法分析，得出 1971～1983 年黄河上中游水土保持及支流治理减沙 3 亿多 t（见表 3-3）。

表 3-3　黄河上中游水土保持及支流治理减沙量计算表（1971～1983 年）

区间（流域）	总拦沙量（亿 t）	年均减沙量（亿 t）	备注
河口镇以上	6.80	0.523	
河龙区间	22.01	1.693	
汾河	1.27	0.106	1972～1983 年大中型水库拦沙量
渭河	8.80	0.677	
北洛河	3.30	0.254	
合计	42.18	3.253	

（3）熊贵枢用"比较不受影响和受影响河流的相似泥沙过程方法"，求得 1970～1984 年黄河流域水利水保措施平均每年减少泥沙 2.97 亿 t[1]；陈枝霖采用"1960 年前后两个时段各站天然年均径流量的差值，乘以工程修建后相应的年平均含沙量"的方法，求得 1960 年以来黄河上中游工程及其他措施反映在龙门、华县、河津、洑头 4 站的年均减沙量为 1.5 亿～3.0 亿 t[2]。经与会领导和专家讨论，对黄河中游水利水保措施减沙 3.0 亿 t 取得了共识，并被规划采用。

3.1.2.3　20 世纪 80 年代后期、90 年代初期水利水土保持减沙作用主要研究成果

水利水土保持减沙作用研究属基础性应用研究范畴，需要长期连续的研究。因此，自 1986 年"黄河中游近期水沙变化情况研讨会"取得水利水保减沙 3.0 亿 t 共识后的 20 多年间，黄委和有关单位又进行了大量研究，其中代表性的有水利部水沙基金和黄河水利科学研究院为黄河流域（片）防洪规划所作的"黄河中游水土保持减沙作用分析"。

1. 第二期水沙基金水利水保减沙研究成果

综合第二期水沙基金研究成果，将黄河中上游各时期水利水保减沙量列于表 3-4。由表可见，1960～1996 年系列龙门、河津、张家山、洑头、咸阳 5 站合计年均减沙 4.51 亿 t，

---

[1]　熊贵枢,黄河流域水利水土保持措施减少入黄泥沙的作用.黄河水资源保护研究所,1986.5。

[2]　陈枝霖,黄河流域来沙变化的初步分析.黄委勘测规划设计院,1986.6。

其中水利工程减沙 2.166 亿 t,占 48.1%;水土保持减沙 2.754 亿 t,占 61.4%,水土保持减沙量大于水利工程减沙量。从各年代减沙量来看,各种措施总减沙量是逐年增加的,而水利工程减沙量在 20 世纪 90 年代有所减少。

表 3-4　黄河上中游各年代天然产沙量　　　　　　（单位:亿 t）

项目		1950~1959 年	1960~1969 年	1970~1979 年	1980~1989 年	1990~1996 年	1950~1969 年	1960~1996 年
5 站实测年沙量		17.725	17.303	13.558	7.894	10.00	17.514	12.366
减沙量	总减沙量	0.965	2.466	4.283	5.696	6.06	1.716	4.511
	水利工程	0.991	1.696	2.369	2.494	2.076	1.344	2.166
	水保措施	0.109	1.145	2.519	3.676	4.055	0.627	2.754
	河道冲淤 + 人为增沙	−0.135	−0.375	−0.605	−0.474	−0.071	−0.255	
5 站天然沙量		18.69	19.77	17.84	13.59	16.06	19.23	16.877

注:5 站为龙门、河津、张家山、洑头、咸阳,下表同。

同时,该成果还对 1970 年后黄河中上游水利水保工程减沙量进行了计算,若以 20 世纪五六十年代为基准期(实际上 60 年代水利水保工程减沙作用已达 2.47 亿 t),计算 1970 年后的水保工程减沙量,还原计算成果见表 3-5。从表列成果可以看出,1970~1996 年与五六十年代相比,5 站年均减沙量为 3.077 亿 t。

表 3-5　1970 年后黄河中上游水利水保措施减沙量计算成果　　　（单位:亿 t）

站名(区间)	1970~1979 年	1980~1989 年	1990~1996 年	1970~1996 年
兰州	0.011	0.530	0.448	0.316
河口镇	1.440	2.261	2.070	1.909
龙门	1.451	2.791	2.518	2.225
河津	0.185	0.218	0.217	0.206
张家山	0.236	0.266	0.298	0.263
洑头	0.123	0.047	0.062	0.079
咸阳	0.281	0.311	0.318	0.304
5 站合计	2.276	3.633	3.413	3.077

注:计算以五六十年代为基准年。

2. 黄河水利科学研究院"黄河中游水土保持减沙作用"研究成果

1999 年在进行黄河流域(片)防洪规划时,黄河水利科学研究院承担了"黄河中游水土保持减水减沙作用分析"课题❶,在收集、整理、核实水利水保措施数量的基础上,按干流水库、支流水库、大型灌区引沙、水土保持措施减沙、人为增沙、河道冲淤等分项计算,用求其代数和的方法,估算了 20 世纪八九十年代黄河中上游水利水保措施的减沙量(见

---

❶　张胜利,王云璋,兰华林,等. 黄河中游水土保持减水减沙作用分析. 黄河水利科学研究院,1999.6。

表 3-6 和表 3-7）。

表 3-6　20 世纪 80 年代黄河中上游水利水土保持措施减沙量　　（单位：亿 t）

| 项　目 | | 干流水库 | 支流水库 | 大型灌区 | 水土保持措施减沙 | | | | | 人为增沙 | 河道冲淤 | 总减沙量 |
					梯田	坝地	造林	种草	小计			
龙门、华县、河津、洑头以上	减沙总量	9.860	13.741	4.811	1.202	12.603	0.738	0.115	14.658	-1.248	0.045	41.867
	年平均	0.990	1.374	0.481	0.120	1.260	0.074	0.012	1.466	-0.125	0.004	4.190
河口镇以上	减沙总量	9.780	3.419	3.320	0.059	0.913	0.020	0.002	0.994	-0.030	0.043	17.526
	年平均	0.980	0.342	0.332	0.006	0.091	0.002	0	0.099	-0.003	0.004	1.754
河龙区间	减沙总量	0.080	4.877		0.459	9.695	0.465	0.075	10.694	-1.069		14.582
	年平均	0.010	0.488		0.046	0.970	0.046	0.008	1.070	-0.107		1.461
泾、洛、渭、汾	减沙总量		5.445	1.490	0.684	1.995	0.253	0.038	2.970	-0.149		9.756
	年平均		0.545	0.149	0.068	0.200	0.025	0.004	0.297	-0.015		0.976

表 3-7　20 世纪 90 年代黄河中上游水利水土保持措施减沙量　　（单位：亿 t）

| 项　目 | | 干流水库 | 支流水库 | 大型灌区 | 水土保持措施减沙 | | | | | 人为增沙 | 河道冲淤 | 总减沙量 |
					梯田	坝地	造林	种草	小计			
龙门、华县、河津、洑头以上	减沙总量	5.82	8.254	3.628	1.724	7.441	1.963	0.227	11.355	-0.950	3.224	31.331
	年平均	0.73	1.031	0.543	0.215	0.930	0.246	0.035	1.426	-0.120	0.403	4.013
河口镇以上	减沙总量	5.82	2.051	2.771	0.032	0.562	0.019	0.005	0.618	-0.018	3.224	14.466
	年平均	0.73	0.256	0.346	0.004	0.070	0.002	0.001	0.077	-0.002	0.403	1.810
河龙区间	减沙总量		2.926		0.759	5.562	1.367	0.158	7.846	-0.785		9.987
	年平均		0.366		0.075	0.695	0.171	0.020	0.961	-0.100		1.227
泾、洛、渭、汾	减沙总量		3.367	0.856	0.933	1.317	0.577	0.114	2.941	-0.147		7.017
	年平均		0.408	0.107	0.117	0.165	0.072	0.014	0.368	-0.020		0.863

　　由表 3-6 可知，20 世纪 80 年代黄河中上游（龙门、华县、河津、洑头 4 站以上）水利水保措施年均减沙量 4.190 亿 t，其中干流水库年均减沙 0.990 亿 t，支流水库减沙 1.374 亿 t，大型灌区引沙 0.481 亿 t，水土保持措施年均减沙 1.466 亿 t。水土保持措施中淤地坝减沙最大，年均减沙 1.260 亿 t，占水土保持减沙量的 86%；造林、种草、梯田仅占 14%。若将黄河中游支流水库拦沙计入水土保持减沙，则水土保持年均减沙为 2.840 亿 t。

　　用同样方法计算 20 世纪 90 年代黄河中上游水利水保措施年均减沙量为 3.922 亿 t（见表 3-7），较 80 年代有所减少，若将水土保持与支流水库减沙视为水土保持减沙，则水土保持年均减沙为 2.46 亿 t。

3.1.2.4　近期水土保持减沙作用研究成果

　　近年来，随着黄河流域经济社会的快速发展和水土保持生态建设的大力推进，加之在全球气候变化的背景下,流域下垫面和降雨等水文要素进一步发生变化,引起黄河流域水沙发生了新的变化。

"十一五"国家科技支撑计划项目"黄河健康修复关键技术研究"中第一课题"黄河流域水沙变化情势研究",以黄河上中游70万 km² 为对象,以1997~2006年为现状年,在调查统计流域各省(区)水利水保措施量、流域降水和水文资料等的基础上,利用传统的水保法和水文法计算得出黄河中游地区1997~2006年水利水保工程等人类活动减沙作用为5.24亿~5.87亿 t(见表3-8)的结论。然而,水利水保工程等人类活动减沙作用仍存在较大争议:有部分专家认为此值偏大,主要原因是1997~2006年的计算结果只能说明是黄河枯水期的黄河中游地区水利水保综合治理效益,不能代表黄河中游丰水期的水利水保综合治理效益;有部分专家认为,黄土高原形成于第四纪,已有100万年的历史,是在特定的气候条件下由西北朝东南向风积形成,风积土结构疏松,具有大孔隙,有易溶盐胶结,干燥时可壁立"千仞",当含水量超过15%~20%时,易溶盐溶解,失去胶结作用,抗蚀能力骤然减少,易于产生沟蚀、冲蚀,加之黄河中游是我国暴雨集中带之一,是黄河泥沙特多的原因。黄土的风积与侵蚀是一个地质过程,人力是难以逆转的,过分强调人为的作用是不适当的;另一部分专家认为造成此值偏大的原因有三方面:一是流域面积广大,基础数据获取落后,收集到的省(区)水利水保基本资料难辨真伪;二是研究周期较短,研究经费不足,难以获取、收集和整理流域海量的暴雨洪水资料和下垫面资料;三是计算方法本身存在较大的理论缺陷,特别是成因分析法对各类水保措施的质量、分布标准未作明确规定,所采用的计算系数存在人为指定性。

表 3-8 黄河中游地区近期人类活动减水减沙量

河流(区间)	减水(亿 m³)		减沙(亿 t)	
	水文法	水保法	水文法	水保法
河龙区间(含未控区)	29.90	26.8	3.50	3.51
泾河	6.25	8.43	0.65	0.43
北洛河	1.11	2.18	0.32	0.12
渭河	31.02	32.11	1.04	0.82
汾河	17.50	17.60	0.36	0.36
合计	85.78	87.12	5.87	5.24

注:1. 渭河流域研究成果为华县以上(但不包括泾河流域);
　　2. 合计值含未控区。

基于以上认识,《黄河流域综合规划》修编时并未直接采用该结论,而是在统筹考虑其他因素后提出黄河流域水利水保工程的减沙作用为4亿 t 左右(3.5亿~4.5亿 t)。

综上所述,尽管水土保持减沙效益研究取得了很大成绩,但由于降雨过程的多变性、水利水保措施的多样性以及地面物质形态(特别是人类活动改变下垫面)的复杂性,加之基本资料的准确性及计算方法不够完善等诸多因素,对水利水土保持减沙作用认识上还存在一定分歧,特别是一些新情况、新问题还在不断发生和发展,对现阶段减沙作用尚需作进一步分析论证。

3.1.3　小结

（1）黄河诸多问题的症结在于泥沙，黄委和有关部门对水土保持减沙效益进行了长期持续的观测研究，取得了丰硕成果，为黄河治理和水土保持提供了科技支撑。

黄委"三站"具有我国规模最大的野外试验研究设施，积累了长期的观测资料，在水土流失规律研究、水土保持效益分析、治理措施布局，以及黄河水沙变化研究等方面均取得了丰硕的成果。如何进一步挖掘、整理、分析长期积累的资料，深入研究基本规律，发挥其在新形势下研究水土保持减沙效益和水沙变化情势中的支撑作用，是值得重视的问题。

（2）黄委和我国其他单位在水土保持减沙研究方面也取得了大量成果，在不同的历史时段也发挥了重要作用，但由于降雨的多变性、水利水土保持措施等人类活动的多样性以及地面物质形态的复杂性，水土保持减沙作用一直存在较大争议，综合分析水沙基金（一）、水沙基金（二）、水保基金、"八五"攻关、自然科学研究基金等研究成果可以发现，水土保持减沙效益在定性上是一致的，但定量上存在差异，有的差异还比较大，特别是近期黄河中游水沙锐减，研究者众说纷纭，需要进一步加强分析。

（3）长期研究使我们体会到，水土保持减沙效益研究是一项非常复杂的研究工作，难以取得令人信服的、很有把握的成果。原因为：一是水土保持基本情况、基本资料的获取十分困难，例如水土保持措施数量、质量、分布等，既是时间变量，又是空间变量，既受统计方法的限制，又受人为因素的干扰，很难获得准确无误的资料；又如气象、水文资料，由于受许多客观因素的影响，很难获得全面、详细的资料，这些情况影响着分析评价精度；二是水土保持减沙效益计算方法存在许多理论缺陷，例如，"水保法"的理论前提条件是各项水利水保措施的作用具有线性关系，即流域水沙变化的结果等于各类措施作用的线性叠加，显然，这是不合理的；再如，"水文法"的理论基础是降雨径流关系具有不变性，也就是评价期的降雨径流关系与基准期的相同，其结果往往会使连续枯水期的径流泥沙量估算偏大。因此，黄河水土保持减沙研究仍是今后需要深入研究的复杂问题。

3.2　水土保持单项措施减水减沙作用分析评价

水土保持单项措施主要指人工林、人工草、梯田、淤地坝、治沟骨干工程、生态修复等，这些措施的减水减沙作用不仅关系到各项措施减水减沙指标的建立，而且还关系到流域减水减沙作用的综合分析。长期以来，黄河流域水土保持科研站（所）进行了大量观测研究，取得了丰硕成果，在此基础上对水土保持单项措施减水减沙作用进行了分析评价。

3.2.1　造林

3.2.1.1　天然林减水减沙作用分析评价

为研究人工林的减水减沙作用，首先分析天然林的减水减沙作用。多年来，有关科研单位对天然林的减水减沙作用进行了大量研究，研究认为天然林减水减沙作用是很大的。

据西峰水土保持科学试验站 20 世纪 60 年代在甘肃省合水县子午岭林区观测,林区的王家沟小流域(流域面积 47.1 km²,森林覆盖率 90%)与无林区的党家川小流域(流域面积 45.7 km²,森林覆盖率 0)对比,在一次降雨量为 11.0~106.8 mm 的多次降雨中,平均减少径流 37.1%~89.1%,减少泥沙 99.98%~100%。

现以保存比较完好的北洛河流域内子午岭天然林区的张村驿站与非林区的刘家河站分析次洪降雨产流产沙关系,可以看出,林区产流产沙关系发生了明显变化,森林减少径流泥沙的作用是非常显著的❶。

1. 降雨产流关系分析评价

依据产汇流基本理论,产流主要分为超渗产流和蓄满产流,但由于下垫面条件及降雨特性的影响,有些地区的产流特点介于上述两种类型之间,即所谓混合型。在北洛河流域,张村驿以上大部地区处于天然林区,由于森林覆盖度较高,受落叶腐殖质等的影响,土壤孔隙度较大,下渗能力较强,或者说森林的调蓄能力较大,故洪水产流受雨强的制约较小,产流方式蓄满与超渗兼而有之,但以前者为主,这种产流方式就决定了次洪降雨径流关系分配主要取决于土壤含水量,在年内分配上表现为洪水期径流占年径流量的比例相对较小。据张村驿站资料统计,该站多年平均洪水径流量仅占年径流量的 12.3%。

与张村驿站相比,刘家河站则表现出完全不同的降雨产流特性。由于刘家河以上地区为黄土丘陵沟壑区,自然植被稀少,夏季太阳辐射强,易形成直升气流,造成热雷雨和地形雨,雨量集中,且多暴雨,次洪水产流量的多寡主要取决于降雨强度,也就是说,本区以超渗产流为主,在降雨量相同的条件下,由于降雨强度及降雨笼罩下垫面的差异,其径流量往往也有较大差别,这就使得次洪降雨产流关系比较散乱,尽管如此,但从总体来看,降雨径流呈正相关,即降雨量越大,径流量也越大。

图 3-1 为刘家河站与张村驿站次洪降雨产流关系,分析该图可知,无论是刘家河站还是张村驿站,降雨产流都成正相关,即随降雨量的增大而增大,同时也可以看出,在相同降雨条件下,刘家河站产流量远比张村驿站为大,而且降雨量越大,这种差异越大,这种情况表明,森林植被有巨大的滞洪作用,它不仅减少了洪水危害,也增加了土壤的蓄水能力。

2. 降雨产沙关系分析评价

流域向外输送的泥沙,归根结底是流域土壤侵蚀的结果,而土壤侵蚀又是因水力、风力、重力等作用所致。显然,林草覆盖率的大小对上述三种侵蚀方式都有一定的影响。覆被的存在,增加了地表糙率,它不仅可以降低地表水流的流速,还可以减缓地表层的风力速度,使输送泥沙的水力或风力动能变小,从而达到减少侵蚀的目的。此外,由于植物根系的作用,土壤的稳定性增加,因而也遏制了重力侵蚀的发生。就北洛河流域而言,森林植被对产沙的影响是非常显著的。

图 3-2 为刘家河站与张村驿站次洪降雨产沙关系,可以看出,在相同降雨量下张村驿站次洪产沙远比刘家河站小。刘家河与张村驿两流域从地理位置来看是相邻的,因此其

---

❶ 张胜利等.北洛河流域近期水沙变化分析,"十一五"国家科技支撑计划重点项目第一课题第四专题子专题,黄河水利科学研究院,2008.11。

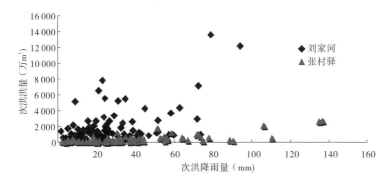

图 3-1　北洛河刘家河站与张村驿站次洪降雨产流关系

气象条件不会有很大的差别,但由于张村驿以上森林植被较好,在相同的降雨条件下,其侵蚀较刘家河以上要小得多。由此可见,森林对减少侵蚀的作用是非常显著的。但我们也应当看到,森林抵御暴雨的能力也是有一定限度的,如遇暴雨集中的年份,产沙也激增,如 1977 年 7 月 6～7 日,在 17 h 连续降雨 30.6 mm(流域平均雨量)的一次暴雨中,次洪产流达 1 155 万 m³,产沙 393 万 t,最大流量 466 m³/s,最大含沙量达 537 kg/m³,该年产沙量达 398 万 t,为有实测资料以来最大值。

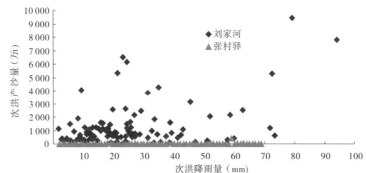

图 3-2　北洛河刘家河站与张村驿站次洪降雨产沙关系

3. 天然林减水减沙效益评价

(1)天然林生长时间长,郁闭度高,树冠大,能够截留较多的降雨。据陕西省黄龙水土保持试验站 1963 年在黄龙林区的观测成果,油松、山杨、海棠等乔木在一次降雨中树冠截留雨量 0.5～11.2 mm,平均截留率 11.4%～17.4%;马氏忍冬等灌木树种在一次降雨中可截留 1.45～11.25 mm,平均截留率 11.4%～22.4%。

(2)林下灌草植物多,枯枝落叶层厚,能够吸收较多的水分,并保护地面不受或少受雨滴和流水的侵蚀。据黄龙水土保持试验站试验,枯枝落叶层的吸水量可达其本身重量的 2.21～3.16 倍,雨后的含水量可保持其本身重量的 1.00～1.76 倍。山西省水土保持研究所用人工降雨对沙棘林的减水减沙效益进行试验,在 45 min 内降雨 75.3 mm,减水效益 85.2%,减沙效益 98.4%,枯枝落叶层的减水减沙效益分别占总效益的 52%～65%(见表 3-9)。

表 3-9　沙棘林减水减沙效益分析　　　　　　　　　　　（%）

项目	减水效益	减沙效益	备注
总效益	85.2	98.4	沙棘林的郁闭度 85%，每公顷鲜枝量 126.67 kg、枯枝落叶量 44.2 kg
枝叶比例	11.7	2.9	
枯枝落叶比例	52.1	64.8	
土壤比例	21.4	30.7	

注：表中数据来自山西水保所试验资料。

K·F 威尔萨姆（Wiersum）在印尼爪哇岛上对刺槐林内不同植被层对土壤侵蚀的影响进行试验，得出如下结论：在不同的植被层中，枯枝落叶层对减少林区土壤侵蚀的作用最大，如无枯枝落叶，由于树冠落下的雨滴的动能，远比天然雨滴大，林区的土壤侵蚀不仅不会减少，反而会增加。

（3）枯枝落叶层和林下植物能增加土壤有机质，改善土壤结构，还可减缓流速，延长水流时间，因而可以增加土壤入渗，减少地表径流。

（4）降雨丰沛年份产沙量仍较大。位于子午岭天然林区的张村驿站，在遭遇较大暴雨年份，如 1977 年、1996 年、2002 年，在相同径流下，泥沙点据高居其他点据之上，表明了林区拦蓄泥沙的脆弱性（见图 3-3）。

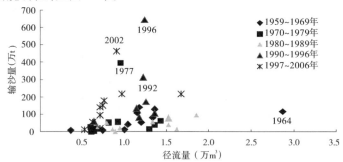

图 3-3　葫芦河张村驿站年水沙关系

3.2.1.2　人工林减水减沙作用分析评价

黄河中游一些科研单位对人工林的减水减沙作用进行了长期的观测研究，研究认为，人工林与天然林相比，其减水减沙作用远小于天然林。

1. 人工林减水减沙与林龄的关系

林地的减水减沙效益，主要取决于森林的郁闭度和枯枝落叶垫层，而要形成一定大小的郁闭度和一定厚度的枯枝落叶层，必须要有一定的时间，也就是说，要有相当长的林龄。就陕北的情况而言，至少要有 5 年林龄的人工林地才能有减水减沙效益。5 年内的幼林，效益是很小的（见表 3-10）。有些地方的新造幼林也能产生较大效益，主要是造林工程发挥的作用，经过若干次暴雨，工程淤平后，效益也就逐渐减小或消失。

表 3-10　人工造林减水减沙效益情况

树种	林龄	试验单位	资料年限	径流			泥沙		
				林区 (m³/km²)	对照区 (m³/km²)	减少 (%)	林区 (t/km²)	对照区 (t/km²)	减少 (%)
刺槐	1～5	绥德站	1958～1963	17 079	18 792 (农地)	9.1	5 097	5 213	2.2
刺槐、榆树	6～14	绥德站	1958～1963	14 338	23 726 (农地)	39.6	3 489	5 695	38.7
刺槐、杨树	1～2	西峰站	1955～1957	2 547	2 428 (荒坡)	-5.0	43.5	26.3	-65.4
刺槐、杏树	22～26	西峰站	1976～1980	372	1 259 (荒坡)	70.5	2.6	4.9	46.9
刺槐	7～9	天水站	1954～1956	11 566	14 819 (农地)	22.0	621	3 034	79.5
刺槐	7～9	天水站	1954～1956	11 566	12 205 (苜蓿)	5.2	621	955	35.0

2. 人工林减水减沙与暴雨的关系

当降雨量没有超过树冠的截留量和地面覆盖物的蓄水量时,林地是不会产生径流和冲刷的。当降雨量超过两者之和时,降雨强度越大,减水减沙效益越小。表 3-11 是天水水土保持试验站观测的小区资料,可以看出,1955 年没有发生大暴雨,8 龄林地小区和农地小区相比,减少径流泥沙都高达 100%;1956 年发生多次大暴雨,9 龄林地小区和农地小区相比,仅减少径流 19%,减少泥沙 78%。

表 3-11　天水梁家坪陡坡人工林地不同降雨减水减沙效益

年份	场号	坡度	植被	植被度 (%)	年降雨量 (mm)	径流(清)		泥沙	
						m³/km²	减少 (%)	t/km²	减少 (%)
1955	18	23°43′	玉米、黄豆		416.6	2 721		565	
	36	22°51′	玉米、黄豆		416.6	3 021		389	
	平均					2 871		477	
	28	29°07′	8 龄刺槐	60	416.6	0		0	
	37	27°48′	8 龄刺槐	60	416.6	0		0	
	平均					0	100	0	100

续表 3-11

年份	场号	坡度	植被	植被度（%）	年降雨量（mm）	径流（清）		泥沙	
						m³/km²	减少（%）	t/km²	减少（%）
1956	18	23°43′	扁豆		538.1	38 970		8 511	
	36	22°51′	扁豆		538.1	42 510		8 682	
	平均					40 740		8 597	
	28	29°07′	9 龄刺槐	60	538.1	29 800		2 246	
	37	27°48′	9 龄刺槐	60	538.1	36 220		1 464	
	平均					33 010	19	1 855	78

注：表中数据来自天水水土保持试验站观测资料。

1994 年黄河中游发生大暴雨，黄河水利科学研究院张胜利等在暴雨后进行了调查❶，发现郁闭度很高的灌木林，当遭遇暴雨时灌木林下的陡坡水力侵蚀很严重，特别是陡坡土壤含水量达到饱和时，甚至发生坡面重力侵蚀。

3. 人工林减水减沙与植被覆盖度的关系

内蒙古水利科学研究院金争平等根据小区测验资料，得出皇甫川流域草地和灌木林覆盖度与 C 值的关系，其中 C 值代表有植被覆盖土壤流失率与无植被覆盖土壤流失率的比值，当植被覆盖度为 30% 时，C 值可降低到 0.3 ~ 0.4，因而提出皇甫川流域第一步治理目标是将植被覆盖度提高到 30%（见图 3-4）。美国科罗拉多大学罗杰斯和舒姆研究了稀疏植被对侵蚀和产沙的影响，其结论是在干旱、半干旱地区，当植物覆盖度小于 15% 时，

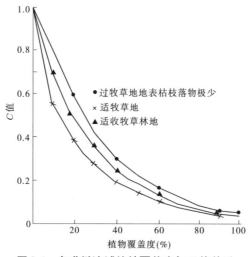

图 3-4　皇甫川流域植被覆盖度与 C 值关系

❶ 张胜利等，黄河中游多沙粗沙区 1994 年暴雨后水利水保工程作业和问题的调查报告，黄河水利委员会中游调查组，1994。

其减沙作用很小,大于15%时才开始变得明显,到40%左右已出现了不高的产沙量。

根据皇甫川流域近期(2006年航片)造林资料,林地面积已占流域治理面积的72%,但该年7月14日发生流量660 m³/s、含沙量1 100 kg/m³的高含沙洪水,接着7月27日又发生洪峰流量1 600 m³/s、含沙量1 130 kg/m³高含沙洪水,8月12日发生了1 830 m³/s的洪水,致使该年径流量达6 980万m³,年输沙量达2 150万t。调查表明,产流产沙较大的原因主要是开矿、修路等人类活动加剧,但也反映出林草植被对控制这类洪水的脆弱性。

3.2.2　种草

牧草能保护地面,增加土壤入渗,减少雨滴和流水的侵蚀,在坡耕地和荒坡种草的减水减沙作用是明显的(见表3-12、表3-13)。种草减水减沙基本规律可概括为以下四个方面:一是草的密度,即草的覆盖度,科研单位试验表明,当覆盖度超过60%时,才起稳定的减水减沙作用,否则作用很小,甚至起负作用,荒坡上有草,坡耕地上有庄稼,水土流失严重就是证明;二是草地坡度,坡缓作用大,坡陡作用小;三是草地土质,沙区风蚀严重,水蚀轻微,种草可减轻风蚀,减水减沙作用不大;四是降雨类型,中雨小雨,减水减沙作用大,大雨暴雨,减水减沙作用很微,降雨量大,陡坡土壤含水量达到饱和,就会产生泥流,连草带土一起冲走,值得指出的是,这是在试验小区上观测的,大面积种草,地形复杂,草的覆盖度低,效益会小一些。

表3-12　坡耕地种草减水减沙效益情况

牧草名称	试验单位	资料年限	径流量			冲刷量		
			牧草区(m³/km²)	对照区(m³/km²)	减少(%)	牧草区(t/km²)	对照区(t/km²)	减少(%)
苜蓿	天水站	1945~1957	5 562	16 272	66	976	4 877	80.0
草木樨	绥德站	1955~1960	23 230	30 640	24.2	2 240	7 340	69.5
苜蓿	绥德站	1959~1963	12 240	29 760	58.9	3 380	9 660	65
草木樨	西北所	1983~1986	22 686	20 468	−10.8	3 384	4 897	30.9
苜蓿	西北所	1983~1986	26 519	20 468	−29.6	2 824	4 897	42.3
沙打旺	西北所	1983~1986	15 519	20 468	24.2	775	4 897	84.2
沙打旺	准格尔旗站	1983~1984	19 300	32 700	41.0	150	1 320	88.7

表3-13　荒坡地种草减水减沙效益情况

小区名称	资料年限	径流量			冲刷量		
		m³/km²	比值(%)	减少(%)	t/km²	比值(%)	减少(%)
草木樨	1983~1986	13 563.6	53.0	47.0	1 978.6	49.3	50.7
苜蓿	1983~1986	10 678.2	41.7	58.3	1 268.9	31.6	68.4
沙打旺	1983~1986	9 782.5	38.6	61.4	959.9	23.9	76.1
牧草区平均	1983~1986	11 341.4	44.3	55.7	1 402	35.0	65.0
裸露荒坡	1983~1986	25 599.5	100		4 013.5	100	

3.2.3　水平梯田

水平梯田是改造坡耕地的一项重要工程措施,坡耕地修成水平梯田后,坡地变平地,减缓了流速,增加了土壤入渗,同时地边有埂,能拦蓄径流,制止土壤冲刷,实践证明,梯田是减少水土流失、提高粮食产量的有效途径。

据一些水土保持科研单位在试验小区观测,在一般降雨情况下,陡坡上的水平梯田,在一次降雨 46.2 ~ 104.0 mm 的情况下,可减少径流 57.7% ~ 96.3%,减少泥沙 58.0% ~ 90.2%,减水减沙作用是很大的(见表 3-14)。

表 3-14　水平梯田一次降雨减水减沙效益

时间 (年-月-日)	雨量 (mm)	坡耕地		梯田		效益(%)	
		径流模数 (m³/(km²·a))	泥沙 (t/(km²·a))	径流模数 (m³/(km²·a))	侵蚀模数 (t/(km²·a))	径流	泥沙
1960-07-05	104.0	24 390	751	10 320	317	57.7	58.1
1964-07-30	60	19 460	5 616	4 962	1 065	74.5	79.4
1966-07-19	63.2	21 550	1 808	7 215	178	66.5	90.2
1966-07-26	46.2	5 220	779	1 005	29	96.3	63.1
平均						73.8	72.8

注:表中数据来自延安水土保持试验站在延安大砭沟观测资料。

据绥德、山西、延安等水保站观测,水平梯田多年平均可减少径流 70.0% ~ 93.6%,减少泥沙 93.0% ~ 95.9%(见表 3-15)。

表 3-15　水平梯田多年平均减水减沙效益

观测单位	资料年限	径流模数(m³/(km²·a))		侵蚀模数(t/(km²·a))		效益(%)	
		梯田	坡耕地	梯田	坡耕地	径流	泥沙
绥德水保站	1954 ~ 1966	1 470	22 970	850	17 810	93.6	95.4
山西水保站	1957 ~ 1966	6 500	22 200	626	8 750	70.0	93.0
延安水保站	1959 ~ 1966	3 127	45 000	200	4 860	93.1	95.0
平均		3 699	30 057	559	10 473	87.7	94.7

梯田减水减沙作用与梯田质量有很大关系。群众在大面积上修建的水平梯田,由于设计标准和施工质量不同,减水减沙效益是不同的。

1985 年以来,黄委绥德水保站等单位,曾对现有的水平梯田的质量进行过多次调查,调查结果大体分以下三种情况:第一种,田面平整,田坎完好的占 25% ~ 31%;第二种,田面基本平整,田坎有局部破坏的占 41% ~ 49%;第三种,田面有 2 度或 5 度以上的坡度,田坎破坏严重的占 26% ~ 36%(见表 3-16)。

表 3-16　水平梯田质量调查情况

调查单位	调查地点	调查时间	调查面积（hm²）	各类梯田面积比例(%)		
				一类	二类	三类
绥德水保站	绥德、米脂	1991 年	364.67	25	49	26
绥德水保站	绥德、米脂	1985 年	408.67	21	43	36
黄委水保局	天水	1988 年	38.67	31	41	28

田坎破坏的形式也可分为三种情况：一是被水流冲开缺口，二是发生坍塌，三是产生了陷穴和穿洞。同时，破坏的程度与梯田修建的时间有关，据米脂县 8 个村的调查，在总长 2 619 m 的田坎中，20 世纪 50 年代修建的水平梯田破坏率占 7%，60 年代占 14.7%，70 年代占 2.4%，80 年代占 1.3%。从以上梯田的质量和破坏情况看，减水减沙效益较高的是第一类梯田，其次是第二类梯田，第三类梯田不仅不会减水减沙，甚至还可能致洪增沙。

1994 年 8 月 4~5 日，陕北暴雨中心绥德韭园沟、辛店沟、刘家坪等地的一些"老梯田"（指 20 世纪 70 年代以前修建的梯田）被冲毁严重，冲毁的主要形式，一是地心发生了陷穴，二是地坎冲开了缺口。据张胜利、于一鸣等 1994 年暴雨调查，冲毁的梯田面积不大，但冲走的土壤是很多的，如辛店沟后山上 4 块宽台梯田，从上到下全被冲毁，最下一块冲沟长 21 m、宽 7 m、深 18 m，冲走土壤 2 600 m³。

3.2.4　淤地坝

3.2.4.1　淤地坝减水减沙作用

淤地坝是各项水土保持措施中减水减沙作用最大、最快的一项措施。作者对黄河中游淤地坝用洪用沙进行过大量调查研究，淤地坝减水减沙作用主要表现在拦泥、减蚀和滞洪三方面。

1. 拦泥

淤地坝多修建在洪水泥沙汇集之处，拦泥效益十分显著。据陕西省绥德、子洲、靖边、横山 4 个县 1 019 座淤地坝调查统计，每公顷坝地拦泥 263.73 m³；山西省汾西县 10 213 座淤地坝调查统计，每公顷坝地拦泥 74.13 m³；内蒙古自治区皇甫川流域 337 座淤地坝调查统计，每公顷坝地拦泥 323.73 m³。坝地拦泥量的大小，主要取决于沟道地形和坝高，还与修建时间的长短有一定关系。表 3-17 为无定河流域不同坝高每公顷坝地拦泥量调查统计，从表列成果可以看出，坝越高，每公顷坝地的拦泥量越多，当坝高低于 5 m 时，每公顷坝地拦泥 62 m³；当坝高大于 30 m 时，每公顷坝地拦泥 465 m³。

通过以上分析，并根据黄河中游典型流域现有淤地坝拦泥量的调查资料，并考虑扣除 α_1（人工填筑系数）、α_2（推移质泥沙系数）的泥沙量，可得单位坝地面积拦沙量综合指标（见表 3-18）。

表 3-17　　无定河流域不同坝高单位面积坝地拦泥量统计

坝高 （m）	坝数 （座）	拦泥量 （万 m³）	坝地 （hm²）	坝地拦泥量 （m³/hm²）
<5	110	32.2	22.93	62
6~10	240	265.7	110.98	106
11~15	150	572.9	156.48	163
16~20	76	750	155.35	214
21~25	47	963.2	158.34	270
26~30	21	1 081	121.94	394
31~35	13	1 162	118.48	465
合计	657	4 827	844.50	1 674

表 3-18　黄河中游淤地坝拦沙指标

河流	单位面积坝地 拦沙量 （t/hm²）	α_1、α_2 合计 （%）	单位面积坝地 实际拦沙指标 （t/hm²）	资料来源
三川河	292.47	15	249	9 条小流域 678 座淤地坝调查资料
无定河	412	15	350	无定河 11 631 座淤地坝调查资料
皇甫川	266.67	15	227	伊盟 1997 年 180 座淤地坝实测
窟野河	347.47	15	295	陕西省水保局调查资料
平均	329.65	15	280	
渭河	66.67	15	57	熊贵枢、于一鸣,黄河上中游水
北洛河	200	15	170	利水土保持减沙作用分析,见
汾河	133.33	15	113	"黄土高原水土保持",黄河水利
泾河	400	15	340	出版社,1996
平均	200	15	170	

注:表中 α_1 取 10%,α_2 取 5%。

2. 减蚀

修建在侵蚀发育强烈地区的坝库,随着拦泥量的增加和淤地范围的扩大,抬高了局部侵蚀基准面,减缓了沟道比降,减小了水流行进速度,对控制水力和重力侵蚀有一定作用,通常称为减蚀作用。

淤地坝的减蚀作用在沟道建坝后即行开始。其减蚀量一般与沟壑密度、沟道比降及沟谷侵蚀模数等因素有关,其数量包括被坝内泥沙淤积物覆盖下的原沟谷侵蚀量及波及影响的淤泥面以上沟道侵蚀的减少量。后一部分的数量较难确定,通常是在计算前一部

分的基础上乘以扩大系数。减蚀量的计算公式为

$$\Delta W_s = FW_s K_1 K_2 \tag{3-1}$$

式中：ΔW_s 为某年淤地坝减蚀量，万 t；F 为某年所有淤地坝的面积，包括已淤成及正在淤积但尚未淤满部分的水面面积，hm^2；W_s 为计算年内流域的侵蚀模数，t/km^2，实际计算时用流域控制站内输沙模数代替；K_1 为沟谷侵蚀量与流域平均侵蚀量之比，参照山西省水保所在离石王家沟流域的多年观测资料，取 $K_1 = 1.75$；K_2 为坝地以上沟谷侵蚀的影响系数。

在淤地坝中还有一部分坝地是修建在沟道比较平缓、沟床已不再继续下切、沟坡多年来比较稳定、沟谷侵蚀已达到相对稳定程度的流域内，当坝建成后基本无减蚀作用，在计算减蚀量时还应扣除这一部分。由于对这一部分不减蚀，目前还没有更好的办法来分割坝地，但又确实存在，计算时可假设未淤成坝地的这一部分量和对坝地以上沟谷侵蚀的减少量相互抵消，则式(3-1)简化为

$$\Delta W_s = 1.75 FW_s \tag{3-2}$$

式中：F 为计算年坝地面积，hm^2。

经过多年的研究，淤地坝减蚀量只占淤地坝总拦沙量的一小部分，而且不同类型区是不同的，据冉大川等的计算结果，北洛河流域丘陵沟壑区多年平均减蚀系数（减蚀量/拦沙量）为 7.0%，高塬沟壑区为 1.5%，其他类型区为 4.3%，多年平均为 4.4%（见表3-19）。

表 3-19　北洛河流域淤地坝减沙量计算成果

时段	拦沙量（万 t）				减蚀量（万 t）				减蚀系数（减蚀量/拦沙量）（%）			
	丘陵沟壑区	高塬沟壑区	其他类型区	小计	丘陵沟壑区	高塬沟壑区	其他类型区	小计	丘陵沟壑区	高塬沟壑区	其他类型区	小计
1956~1969 年	206.94	189.14	54.47	450.55	5.23	0.35	0.58	6.16	2.5	0.2	1.1	1.4
1970~1979 年	297.74	260.36	78.37	636.47	18.75	3.86	4.18	26.79	6.3	1.5	5.3	4.2
1980~1989 年	57.44	52.50	15.12	125.06	16.43	1.75	1.96	20.14	28.6	3.3	13	16.1
1990~1996 年	285.37	260.83	75.12	621.32	23.29	7.63	3.90	34.82	8.2	2.9	5.2	5.6
1970~1996 年	205.53	183.50	54.1	443.13	19.07	4.05	3.29	26.41	9.3	2.2	6.1	6.0
1956~1996 年	206.01	185.43	54.23	445.67	14.34	2.79	2.36	19.49	7.0	1.5	4.4	4.4

3. 滞洪

新修淤地坝的滞洪作用是很大的，以后随着库容的淤积，逐渐减小，但即使淤平，滞洪作用也不会完全消失。滞洪可以促使泥沙淤积，也可以削减洪峰流量，洪峰流量的减小，可以相应减轻下游河床的冲刷。但削峰滞洪对下游的影响减沙量目前还难以计算，因此通常仅计算淤地坝的拦泥量和减蚀量。

3.2.4.2　淤地坝蓄水拦沙时效性和阶段性分析

20 世纪六七十年代，黄河中游修建了大量水库和淤地坝，曾发挥了巨大的蓄水拦沙作用，但由于该地区水土流失严重，许多已建水库和淤地坝淤损严重，大多数已进入运用后期，有些地区淤地坝数量减少和失效的速度是惊人的，管理差、病险坝库多是存在的普

遍问题,一遇较大暴雨洪水,容易发生水毁,致使洪水、泥沙剧增,不仅使多年淤成的坝地大量冲失,同时也增加河流泥沙。此外,当淤地坝淤出坝地后,坝地利用与来洪发生矛盾,为解决这一问题,不少地区的已种坝地开设排洪渠,排泄洪水泥沙,以保护坝地利用,特别是由"种植农业"变为"设施农业"后的坝地,其运用方式大都"由拦转排",这就增加了下泄的洪水、泥沙;同时,不少地方已建水库或骨干坝正采用"蓄清排浑"的运用方式加以改造,普遍增建泄洪排沙设施,以求长期保持兴利库容。而这一地区的水沙主要集中在洪水期,如果洪水期不蓄水拦沙,则可能洪水过后无水可蓄,不仅不能为当地兴利,同时将洪水泥沙排入黄河又加重了黄河干流水库与河道的防洪与泥沙淤积的负担,对黄河泥沙带来不利影响。这些情况说明了坝库蓄水拦沙作用存在时效性和阶段性。

　　表 3-20 为黄河中游淤地坝水毁调查表,由表列成果可以看出,1966～2002 年的 36 年里,发生较大的淤地坝水毁 7 次,事实证明,在黄河中游地区黄河水沙丰枯变化比较明显,常有长达数年或数十年的枯水系列和每隔几年就有较大洪水出现的丰水系列交替出现。这种水沙丰枯变化主要是由气候条件决定的,在短期内难以改变。因此,淤地坝水毁增沙量将抵消部分淤地坝减沙量。

表 3-20　黄河中游地区暴雨水毁淤地坝调查

调查地区	绥德、米脂、横山县	延川县	延长县	子长县	准格尔旗	子洲县	子长县
暴雨时间（年-月-日）	1966-07-17	1973-08-25	1978-08-05	1977-07-05	1988-08-03～05	1994-08-04～05	2002-07-04～05
降雨量（mm）	101、165、112	112.5	50.7＋108.5	167.0	127.3	130.0	283.0
总坝数(座)	693	7 570	6 000	403	665	968	1 244
水毁坝数（座）	444	3 300	1 830	121	86	821	85
座数水毁率（%）	64.1	43.6	30.5	30.0	12.9	84.8	6.8
冲毁坝地占坝库内坝地（%）	72.0	13.3	26.1	26.0	10～20		30.0
冲失坝地占全县坝地（%）		5.8	9.3	5.2	10.0	6.1	12.5
调查单位	陕西省水保局	延川县、延安地区水电局	延长县、延安地区水电局	子长县、延安地区水保局	黄河水利科学研究院	黄委黄河中游调查组	黄河水利科学研究院

　　岔巴沟是无定河的二级支沟,流域面积 205 km² ,在进行"八五"攻关研究时,曾于

1993 年汛前专门对岔巴沟流域坝库建设进行了一次普查测量。据调查,岔巴沟坝库变化情况列于表 3-21。由表列成果可以看出,岔巴沟自 20 世纪 50 年代就开始修建淤地坝,至 1970 年共建坝 139 座,1970 年北方农业会议后,出现打坝高潮,到 1976 年底全流域共建淤地坝 441 座,到 1992 年共建成淤地坝 474 座,然而淤地坝的淤满失效和水毁速度也是很快的,到 1978 年淤满和冲毁的淤地坝占总坝数的 46.9%,到 1992 年淤满和冲毁的淤地坝占总坝数的 93.7%,其中水毁库坝占总坝数的 47.9%。

表 3-21　岔巴沟流域各支沟坝库数量变化情况调查统计

序号	沟名	控制面积（km²）	坝库数量（座）			
			总数	淤满	冲毁	剩余
1	西庄沟	49	56	10	39	7
2	石门沟	23	33	9	22	2
3	常家园则沟	4.56	9	1	4	4
4	毕家检沟	13.8	41	17	20	4
5	驼耳巷沟	5.74	43	21	21	1
6	杜家沟	8.56	23	7	12	4
7	刘家沟、高家沟	21	79	41	38	0
8	前米脂沟	11	54	37	15	2
9	蛇家沟	4.74	43	24	17	2
10	马家沟	16.2	24	14	8	2
11	田家沟	12.5	36	19	15	2
12	其他支沟		33	17	16	0
合计			474	217	227	30

淤地坝数量的变化,反映到坝地变化(见图 3-5),可以看出,坝地的发展是随着淤地坝的建设而迅速发展的,自 20 世纪 50 年代岔巴沟流域开始加大淤地坝建设,到 1970 年淤地坝数量已具有一定规模,因此 1970～1978 年坝地面积迅速增加,但当发展到 1978 年的 400 hm²(约合 2 hm²/km²)以后,流域内淤地坝基本饱和,这时坝地就没有大的增加,坝地发展平缓,其后随坝地水毁等原因,出现坝地减少,也就是说淤地坝发展存在非线性问题。

为对比分析水土保持措施削洪减沙作用,在统计岔巴沟流域次洪降雨、径流、泥沙资料的基础上,挑选治理前后(以 1970 年为界)次洪降雨量、降雨历时、前期影响雨量基本相同或相近的两次洪水进行对比分析(见表 3-22)。由表列成果可以看出,岔巴沟流域综合治理削洪减沙效益是比较显著的,5 次洪水对比削峰 64.1%,减水 42.0%,减沙 51.4%,但从其发展过程来看,减水减沙作用呈衰减趋势,七八十年代 3 次洪水对比平均减水 47.4%,减沙 57.2%,而 90 年代的 2 次洪水对比平均减水 23.3%,减沙 29.7%,特别是 1992 年,相似降雨洪水减沙效益降为 20.0%,表现了淤地坝减水减沙作用的阶段性和时效性。

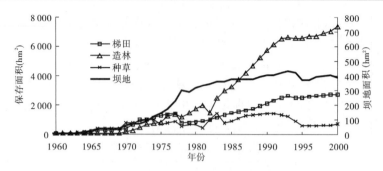

图 3-5　岔巴沟水土保持措施历年变化

表 3-22　岔巴沟相似降雨洪水泥沙对比分析

对比 年份	降雨量/ 历时 （mm/h）	前期影 响雨量 （mm）	洪峰流量 （m³/s）	洪量 （万 m³）	沙量 （万 t）	含沙量 （kg/m³）	洪峰流 量削减 （%）	含沙量 削减 （%）	减水 （%）	减沙 （%）
1970 1989	66.6/6.3 66.6/4.6	6.1 6.4	640 309	323 175	255 109	898 842	51.7	6.2	45.8	58.0
1966 1978	54.2/2.1 62.4/2.3	21.4 24.1	1 520 211	529 232	392 167	936 827	86.1	11.6	56.1	57.4
1963 1983	48.0/2.6 39.0/3.5	2.3 3.8	585 151	189 113	183 80.0	1 220 880	74.2	27.9	40.2	56.3
1969 1991	34.2/1.7 29.5/0.8	3.4 4.1	818 573	246 219	237 144	951 780	30.0	18.0	11.0	39.3
1970 1992	39.0/3.5 39.6/3.8	10.3 12.1	270 132	119 76.7	75.9 60.7	759 635	51.1	16.3	35.5	20.0
合计	242/16.2 237.1/15.0	43.5 50.5	766.6 275.2	1 406 815.7	1 142.9 560.7	952.8 792.8	64.1	16.8	42.0	51.4

大理河是无定河的一级支流,流域面积 3 906 km²,20 世纪 80 年代初期,参加无定河流域治理经验总结调查时,对大理河淤地坝建设进行了一次全面调查。图 3-6 为大理河流域历年淤地坝座数增长和淤积比变化过程,从淤地坝座数增长变化来看,1970 年以后由于水坠筑坝技术的推广,淤地坝座数激增,而 1977 年以后,由于新建淤地坝数量减少,又兼遇 1977~1978 年连续两年大水,淤地坝数量有所减少;从淤积面积来看,1972 年前其变化趋势与淤地坝座数增长恰好相反,1972~1975 年变化不大,淤积比(已淤面积/可淤面积)在 30% 以下,1978~1980 年上升到 50% 左右,淤积比增加了 20%。

从岔巴沟和大理河淤地坝建设过程来看,淤地坝在发挥巨大蓄水拦沙作用的同时,蓄水拦沙有一定的时段性和阶段性,即当淤地坝发展到一定阶段后,其减水减沙作用出现衰减,显示了淤地坝减水减沙作用随时间推移的非线性关系。

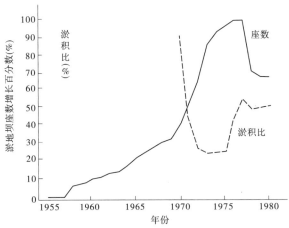

图 3-6　大理河流域淤地坝座数和淤积比历年变化过程

3.2.5　治沟骨干工程

为加强黄河中游多沙粗沙区水土流失治理,减少入黄泥沙,加快中西部地区经济开发和生态环境治理,加速当地群众脱贫致富的步伐,国家于 1986 年将投资修建治沟骨干工程列入基本建设计划,这是国家采取的一项具有战略意义的重大举措。总结治沟骨干工程减沙作用,对分析水土保持减沙作用是非常有益的。限于资料,本书仅对 1986 ~ 1996 年(11 年)治沟骨干工程减沙作用进行了初步分析。

3.2.5.1　1986 ~ 1996 年治沟骨干工程实施情况

按照"以黄河西岸与北部为重点、兼顾东岸"的原则,治沟骨干工程主要集中于黄河中游多沙粗沙区的陕北、晋西、蒙南和陇东范围内,同时结合重点治理区和试点小流域的开展,在其他地区也适当安排一些工程。工程分布涉及陕西、山西、内蒙古、甘肃、宁夏、青海、河南、山东等 8 省(区)26 个地(盟)105 个县(旗、市)。根据已收集到的资料,截止到 1996 年累计安排治沟骨干工程 883 座,其中新建坝 533 座,占 60.4%,加固配套坝 350 座,占 39.6%。1986 ~ 1996 年(11 年)治沟骨干工程按省(区)分布列于表 3-23,按支流分布列于表 3-24。

表 3-23　治沟骨干工程按省(区)分布(1986 ~ 1996 年)

省(区)	工程座数(座)	新建坝(座)	配套加固坝(座)
青海	19	15	4
甘肃	122	79	43
宁夏	30	21	9
内蒙古	205	134	71
陕西	263	122	141
山西	237	161	76
河南	5	1	4
山东	2		2
合计	883	533	350

表 3-24　治沟骨干工程按支流分布(1986 ～ 1996 年)

序号	支流名称	工程座数	序号	支流名称	工程座数
1	无定河	119	18	罕台川	15
2	渭河	84	19	清水河(宁夏)	12
3	皇甫川	73	20	屈产河	10
4	窟野河	56	21	汾河	8
5	红河	49	22	鄂河	8
6	县川河	45	23	清凉寺河	8
7	延河	44	24	偏关河	6
8	朱家川	40	25	秃尾河	5
9	清涧河	35	26	昕水河	5
10	祖厉河	36	27	藉河	4
11	湟水	31	28	清水河(山西)	3
12	三川河	31	29	昆都仑河(包头)	2
13	湫水河	24	30	大沙沟(兰州市)	2
14	佳芦河	19	31	大汶河(山东)	2
15	蔚汾河	19	32	涞水河(山西)	2
16	洛河	19	33	其他	51
17	岚漪河	16		合计	883

3.2.5.2　治沟骨干工程拦沙作用分析

治沟骨干工程是一项具有多功能的水土保持措施,它与小流域综合治理措施相配合,其功能已由原来的拦截泥沙,淤地造田,发展成为干旱山区开发利用有限水资源的水利基建工程,充分利用治沟骨干工程建成后相当一段时间内的蓄水能力,可以提高其他水土保持措施在干旱条件下持续地发挥效益。通过科学规划、系统布设、合理实施,不仅能保证工程本身的安全,而且也可保护下游小型沟道工程的安全,提高其他小型水利水保工程措施的防御标准。骨干工程淤出的坝地,是当地群众脱贫致富的"保命田",同时治沟骨干工程的修建还可解决干旱地区部分人畜饮水问题,尤其是坝路结合工程,便利山区交通,对农村商品经济发展和改善生态环境都有一定作用。实践证明,国家投资修建治沟骨干工程的决策是正确的。但十余年来(1986 ～ 1996 年),对治沟骨干工程建设减沙作用分析较少,笔者对此进行了一些分析,得到一些粗浅认识。

(1)1986 ～ 1996 年治沟骨干工程数量少,库容小,分布分散,虽有一定的减沙作用,但不是很明显。

治沟骨干工程一般修建于侵蚀模数大于 5 000 t/(km² · a)的支毛沟中,工程上游坡面治理程度要求达到40%以上,单坝控制面积一般为 3 ～ 5 km²,单坝库容大多数控制在

50 万~100 万 m^3,少数为 100 万~300 万 m^3,设计防洪标准一般为 20~30 年一遇,设计淤积年限为 10~20 年。据统计,修建的 883 座治沟骨干工程,控制流域面积 6 000 多 km^2,总库容 11 亿 m^3,根据已验收的 756 座治沟骨干工程,按控制面积和侵蚀模数等分析,其拦沙能力约为 2.01 亿 m^3(折合 2.71 亿 t,泥沙干容重取 1.35 t/m^3),11 年平均年拦沙 0.25 亿 t。由此可见,1986~1996 年间治沟骨干工程数量少,库容小,而且分布分散,虽有一定的减沙作用,但不是很明显。

(2)1986~1996 年治沟骨干工程新建坝淤积快,旧坝配套加固库容增加不多,拦沙作用有限。

1986~1996 年治沟骨干工程中新建坝约占 60%,旧坝配套加固坝约占 40%。新建坝大多修建在水土流失地区,遇暴雨淤积较快。例如,志丹县杨家沟骨干坝,控制面积 12 km^2,1990 年 10 月建成,设计拦泥库容 138.5 万 m^3,相应淤积年限为 10 年,然而经过 1992 年、1994 年的两次洪水,拦泥库容已全部淤满(淤面与溢洪道底坎齐平),10 年的淤积库容不到 4 年就已淤满,从而失去了拦沙能力。据张胜利等 1994 年调查,志丹县共建 12 座治沟骨干工程,其中 3 座被"94·8"洪水淤平。旧坝改造加固配套工程,是在原有淤地坝基础上,通过加高坝体、抬高输水洞或溢洪道,达到保坝安全和坝地利用,一般来说库容增加不多,因此拦沙作用不是很大。欲进一步提高拦沙作用,实施黄河粗泥沙集中来源区拦沙工程是十分必要的。

3.2.6 生态修复等植被建设

据有关资料,1998 年以来,为了充分发挥生态自我修复能力,增加植被覆盖度,探索迅速恢复植被、治理水土流失、改善生态环境的新路子,黄河上中游各省(区)按照水利部治水新思路,结合黄土高原实际,将水土保持生态修复工作作为生态环境建设的一项重要内容来抓,积极开展生态修复试点工作。2001 年,黄委在黄河上中游地区启动实施了两期水土保持生态修复试点工程,涉及 7 省(区)20 个县(旗),封育保护面积 1 300 km^2;2002 年,在总结首批试点经验的基础上,水利部又在黄河上中游 7 省(区)22 个县 6 300 km^2 范围内,启动实施了全国水土保持生态修复试点工程。目前,黄河上中游 7 省(区)已有 54 个地(市)294 个县(市、旗)实施封禁保护面积近 30 万 km^2,陕西、青海、宁夏 3 省(区)人民政府发布了实施封山禁牧的决定;山西、内蒙古、甘肃、河南 4 省(区)的 36 个地(市)、168 个县(旗、区)出台了封山禁牧政策。青海省在黄河源区 12 万 km^2 范围内实施了水土保持预防保护工程。黄河上中游地区的封山禁牧在规模、范围和成效方面取得了历史性突破。

实施生态修复后,修复区灌草萌生的速度明显加快,裸地自然郁闭度、植被覆盖度大幅度提高,生态环境明显改善。根据上中游地区 24 个试点县的监测结果,修复区林草总盖度在 0.6 以上的面积由修复前的 297 km^2 增加到 1 262 km^2,林草覆盖度由实施前的 27.5% 提高到 60.0%,植被由单一种类向复合型、多种群发展。项目区最明显的变化是山变绿、水变清、动物种类数量明显增多。宁夏盐池县和灵武县修复三年后,基本控制了风沙危害,连片的浮沙地和明沙丘基本消失,冬、春两季大风弥漫的现象基本得到控制,水土流失强度明显降低❶。

据由黄河上中游管理局水土保持生态环境监测中心主持、西峰监测分中心具体实施完成的"2007 年度子午岭预防保护区及神东矿区水土流失监测"成果显示,在陕西志丹、白水县已发现部分林区,说明北洛河流域生态明显好转。

通过封山禁牧、疏林补植、退耕种草、人工抚育等措施,地上生物量、枯落物量明显增加,植被截持降水能力和土壤拦蓄径流能力有不同程度的提高,水土流失强度明显减弱。封禁等生态修复改变林草覆盖率的减沙作用可通过分析林草覆盖率与产流产沙关系加以研究。

3.2.6.1　林草植被覆盖率与侵蚀的关系研究

1. 李寅生研究成果分析

黄河上中游管理局李寅生根据黄河中游地区林地郁闭度在 0.3 以上、草地覆盖度在 0.6 以上的林草覆盖率与侵蚀模数有关资料(见图 3-7),回归分析得到如下指数方程:

$$M_\mathrm{s} = 5\,426\mathrm{e}^{-5.395\,6f} \tag{3-3}$$

式中:M_s 为侵蚀模数,$\mathrm{t}/(\mathrm{km}^2 \cdot \mathrm{a})$;$f$ 为林草覆盖率($\%$)。

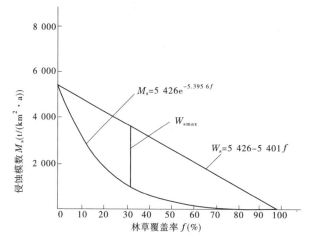

图 3-7　林草覆盖率与侵蚀关系

李寅生为计算林草措施的拦沙量,假定流域内只有林草地和非林草地,为简化起见,并将流域面积作为 $1\,\mathrm{km}^2$ 进行计算,从式(3-3)可以看出,当 $f = 0$ 时,即流域无林草措施时,其侵蚀模数为 $5\,426\ \mathrm{t}/(\mathrm{km}^2 \cdot \mathrm{a})$;当 $f = 100\%$ 时,即流域全被林草措施所覆盖时,其侵蚀模数为 $25\ \mathrm{t}/\mathrm{km}^2$。假定林草地无拦沙作用,则流域内林草地的侵蚀量为

$$W_\mathrm{s1} = 25f \tag{3-4}$$

由于非林草地占流域面积的百分比为 $1 - f$,故非林草地的侵蚀量为

$$W_\mathrm{s2} = 5\,426(1 - f) \tag{3-5}$$

由此可得,流域内林草地无拦沙作用时的总侵蚀量为

❶ 张金昌等,半干旱黄土丘陵沟壑区生态修复效益监测与评价,全国水土保持生态修复研讨会论文汇编,水利部水保司、中科院资源环境科学与技术局,2004.7。

$$W_s = W_{s1} + W_{s2} = 5\,426 - 5\,401f \tag{3-6}$$

结合式(3-3)可得林草地的拦沙量为

$$\Delta W_s = W_s - M_s = 5\,426 - 5\,401f - 5\,426e^{-5.395\,6f} \tag{3-7}$$

对式(3-7)求导可得

$$\Delta W_s' = -5\,401 + 29\,277e^{-5.395\,6f} \tag{3-8}$$

求二阶导数得:

$\Delta W_s'' = -157\,967e^{-5.395\,6f} < 0$。由此可知,$\Delta W_s$存在极大值。

令 $\Delta W_s' = -5\,401 + 29\,277e^{-5.395\,6f} = 0$,解得 $f = 31.3\%$,即林草覆盖率达到 31.3% 时,其拦沙量可达最大值。

现将不同林草覆盖率的拦沙特征列于表 3-25。由表列成果可以看出:

(1)林草覆盖率越低,土壤侵蚀越严重,其拦沙强度越大;相反,林草覆盖率越高,土壤侵蚀越小,但其拦沙效益却越大,当林草覆盖率达 31.3% 时,其拦沙量达最大值,此后随着林草覆盖率的提高,拦沙量逐渐减小。

(2)从林草覆盖率与拦沙率关系大致可以看出,当林草覆盖率提高 1% 时,拦沙率提高 2% 左右。由此可以得到这样的认识:当得知封禁等生态修复提高的覆盖率后,便可计算提高的拦沙率,从而计算封禁拦沙量。

表 3-25　不同林草覆盖度的拦沙特征

覆盖率 (%)	林草无拦沙时侵蚀量 (t/km²)	林草有拦沙时侵蚀量 (t/km²)	拦沙量 (t/km²)	拦沙强度 (t/km²)	拦沙率 (%)
0	5 426	5 426	0	—	—
5	5 156	4 143	1 013	20 260	19.6
10	4 886	3 136	1 723	17 230	35.3
20	4 346	1 844	2 502	12 510	57.6
30	3 806	1 075	2 731	9 103	71.9
50	2 726	365	2 361	4 732	87
70	1 646	124	1 521	2 173	93.4
90	565	42	523	580	96.4
95	295	32	263	277	96.9
100	25	25	0	—	—

注:1. 林草地面积 = 流域面积 × 林草覆盖率;

2. 拦沙量 = 林草无拦沙时侵蚀量 − 林草有拦沙时侵蚀量;

3. 拦沙强度 = 拦沙量/林草地面积;

4. 拦沙率 = 拦沙量/非林草地侵蚀量。

2. 唐克丽研究成果分析

中国科学院、水利部水土保持研究所唐克丽等在进行国家自然科学基金"黄河流域的侵蚀与径流泥沙变化"中,选择收集了黄河中游 13 个代表流域或区间,分析现存林草覆盖率与产流产沙关系,列于表 3-25。点绘林率与产流产沙关系(见表 3-26、图 3-8、图 3-9),得到林草覆盖率与径流泥沙的指数关系,相关性显著。

林草覆盖率与径流关系为

$$M_f = 43.848e^{-0.0069}f \quad r^2 = 0.8253 \tag{3-9}$$

林草覆盖率与产沙关系为

$$M_s = 11848e^{-0.0382}f \quad r^2 = 0.8206 \tag{3-10}$$

式中：M_f 为径流深，mm；M_s 为侵蚀模数，t/(km^2·a)；f 为林草覆盖率(%)。

表 3-26　黄河中游地区林草覆盖率与径流泥沙(1960～1984 年)平均值

站名	面积 （km^2）	林草覆盖率 （%）	径流深 （mm）	侵蚀模数 （t/(km^2·a)）
张村驿	4 715	97.0	22.23	126.3
张村驿—交口河	12 456	39.4	30.56	5 869.5
刘家河—交口河	9 855	82.5	25.12	147.5
交口河	17 180	55.5	28.56	2 856.0
湫头	25 154	43.5	36.77	3 320.9
洪德	4 640	0	12.89	7 397.7
洪德—庆阳	1 577	0	23.46	6 812.5
子长	913	0	43.35	10 585.2
悦乐	528	2.1	29.27	7 076.4
甘谷驿	5 891	13.0	37.17	7 844.6
刘家峡	7 325	18.3	33.19	9 976.5
板桥	807	66.0	25.6	2 035.9
临镇	1 121	94.4	21.18	463.9

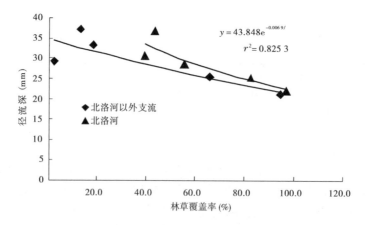

图 3-8　林草覆盖率与径流的关系

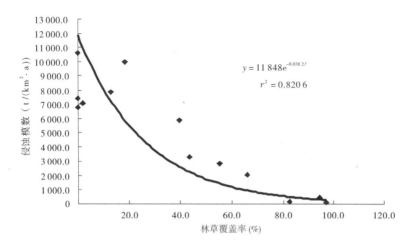

图 3-9　林草覆盖率与泥沙的关系

3.2.6.2　典型小流域生态修复减水减沙作用分析

延安市吴起县近年来致力于生态修复,连高陡坡都恢复了植被(见图 3-10),据中国水土保持学会和国际泥沙研究培训中心 2006 年 7 月在北洛河流域吴起县召开的"中国水土保持生态修复研讨会及吴起县生态建设现场观摩会"提供了以下 2 个小流域生态修复资料:

图 3-10　延安市吴起县的生态修复——高陡坡的植被恢复情况

一是金佛坪小流域,该流域涉及 2 个村 946 人,总面积 25 km²,1998 年前,该流域共有耕地 720 hm²、荒地 1 300 hm²、有林地 193.33 hm²、人工牧草地 120 hm²。1998 年,全流域整体封禁,1999 年又一次性退耕,经过 7 年治理,整个流域生态状况发生了根本改变。目前,该流域共有林地 1 760 hm²、人工草地 520 hm²、封育 300 hm²,全流域未保留坡耕地。据测算,该流域的林草覆盖率已由 1997 年的 38% 提高到现在的 69%。

二是杨青小流域,该流域涉及 8 个村 2 725 人,总面积 80 km²,1998 年以前,流域内共有耕地 2 780 hm²、有林地 1 406.67 hm²、人工草地 646.67 hm²。由于过垦过牧,整个流域植被稀疏,水土流失严重。1998年以来,对该流域实行整体封育,并于当年进一步退耕到位。经过7年多的治理,现有林地面积4 486.67 hm²、人工牧草地2 026.67 hm²、农耕地453.33 hm²,荒山荒坡封育成自然植被500 hm²,林草覆盖率由1997年的34%提高到现在的66%。

根据林草覆盖率与径流、泥沙关系(式(3-9)、式(3-10)),可计算出典型小流域生态修复的减水减沙作用:

两个小流域自1997~2006年林草覆盖率平均提高了31.5%,径流深平均减少6.7 mm,径流减少19.6%;侵蚀模数平均减少2 102.8 t/(km²·a),减少70%(见表3-27)。由此可以得到这样的认识:生态修复林草覆盖率提高1%,减水提高0.622%,减沙提高2.22%。这种生态修复林草覆盖率提高与减水减沙提高关系是在生态修复较好的小流域取得的,大面积生态修复的减水减沙作用可能小一些,但生态修复的减水减沙作用是肯定的。由此可以得到如下启示,过去对植被建设改变流域下垫面对水文效应的影响重视不够,致使认为在黄土高原地区林草植被建设对黄河水沙变化影响不大。但近年来的情况表明,黄河中游近期水沙锐减,林草植被等生态建设改变下垫面对径流泥沙有重要影响,对此应引起重视。

表3-27　吴起县典型小流域生态修复减水减沙作用计算成果

小流域	林草覆盖率(%)		径流量				侵蚀模数			
	生态修复前	生态修复后	生态修复前(mm)	生态修复后(mm)	减少		生态修复前(t/(km²·a))	生态修复后(t/(km²·a))	减少	
					mm	%			t/(km²·a)	%
金佛坪	38	69	33.7	27.2	6.5	19.3	2 774	849	1 925	69.4
杨青	34	66	34.7	27.8	6.9	19.9	3 232.8	952.1	2 280.7	70.5
平均	36	67.5	34.2	27.5	6.7	19.6	3 003.4	900.6	2 102.8	70.0

注:治理前后径流量、侵蚀模数按式(3-9)和式(3-10)计算。

3.2.7　小结

本节在全面总结、归纳黄河中游水土保持科研站所、科研单位等小区观测资料和有关科研成果的基础上,分析了造林、种草、水平梯田、淤地坝、治沟骨干工程、生态修复等植被建设等水土保持单项措施的减水减沙作用,探讨了不同条件下水土保持单项措施蓄水拦沙作用。分析认为,在一般降雨(指暴雨较少的多年平均降雨量)情况下,水土保持措施有较大的蓄水拦沙作用,但在极端暴雨情况下水土保持措施减水减沙作用将减小。

3.2.7.1　一般降雨情况下水土保持措施减水减沙作用

(1)生态修复等植被建设有较大蓄水拦沙作用。随着退耕还林还草政策的实施和地方经济的快速发展,黄河中游植被覆盖度有明显改善,对坡面减沙作用非常明显,是径流、泥沙减少的主要原因之一。经对吴起县两个生态修复小流域计算,林草覆盖率提高1%,减水率提高0.62%,减沙率提高2.2%,由此可见,生态修复的减水减沙作用是较大的,但对生态修复等植被建设蓄水拦沙机理,应通过典型区域进行深入分析研究。

(2)梯田有较大的减水减沙作用,但在不同地区有所不同,应分区域、分类型进行分析研究。

（3）淤地坝是洪水泥沙的最后一道防线，其减水减沙作用不可忽视，但近年来淤地坝减沙作用呈衰减势态，应通过典型调查进行分析研究。

3.2.7.2　极端暴雨情况下水土保持措施减水减沙作用

水土保持措施不论是工程措施还是生物措施，其减沙作用都与降雨强度及坡面和沟道洪水大小关系密切。水土保持措施减水减沙作用与洪水的关系，实质上是与降雨强度及降雨总量的关系。黄河中游是我国高强度暴雨多发地区，不同历时的大暴雨时有发生，水土保持措施又受当前经济发展水平和管理维护能力的制约，目前抵抗暴雨强度的能力还不高，低于一定降雨强度时减沙作用比较明显，强度稍高作用就减少，超过某一强度（指日降雨大于 100 mm 以上暴雨）的极端暴雨，就不再减沙，再高就可能造成水土保持措施的破坏，不仅不能减沙，还可能致洪增沙。研究表明，森林植被截留降雨量的多寡取决于植被类型、植被覆盖面积和暴雨情况，还与大面积郁闭林冠和深厚枯枝落叶垫层有很大关系，即使现存较好的子午岭林区，遇较大暴雨产沙仍较大。此外，再加上暴雨时水利水保工程水毁、水库排沙和河道前期淤积物的冲刷等，泥沙将会增加，因此应加强极端暴雨情况下水土保持措施减水减沙作用的研究。

3.3　黄河中游现行水土保持减沙效益计算方法存在问题及改进研究

3.3.1　典型支流减沙效益计算方法存在问题分析评价

3.3.1.1　典型支流减沙效益计算结果比较分析

1. 北洛河流域减沙计算结果比较分析

北洛河是一条流域面积较大、水土流失类型多样的河流。流域出口水文站为洑头水文站，集水面积 25 154 km²，占流域面积的 93.5%。北洛河自北向南纵贯黄土丘陵沟壑区、黄土丘陵林区、黄土高塬沟壑区、黄土阶地区和冲积平原区等 5 个水土流失类型区，水土流失类型多样，泥沙主要来自刘家河以上。黄河水利科学研究院张胜利等在"十一五"国家科技支撑计划重点项目第一课题第四专题子专题"北洛河流域近期水沙变化分析"进行了研究❶。

1）计算方法

北洛河流域水保法计算减沙效益，完全按水土保持措施减沙量、水利措施减沙量、河道冲淤、人为增沙等分别计算而后求其代数和的方法计算减沙量（见表 3-28）；水文法计算是先建立治理前（1969 年前）降雨产沙统计模型，然后将治理后的降雨资料代入，求得相当于天然情况下的产沙量，再与治理后的实测资料比较，求得减沙效益（见表 3-29）。

---

❶ 张胜利等，北洛河流域近期水沙变化分析，"十一五"国家科技支撑计划重点项目第一课题第四专题子专题，黄河水利科学研究院，2008.11。

表 3-28　北洛河流域(洑头以上)"水保法"减沙作用计算成果　　　　　　(单位:万 t)

时段	年降水量 (mm)	实测 年沙量	计算 年沙量	水土保持措施减沙量				
				梯田	造林	种草	坝地	小计
1956~1969 年	559.8	10 780	11 419.7	63.2	406.1	4.8	456.7	930.8
1970~1979 年	499.4	9 725	11 726.2	250.8	498.4	18.7	663.3	1 431.2
1980~1989 年	511	5 415	6 743.9	370.6	803.1	44.7	145.3	1 363.7
1990~1996 年	445.8	10 050	11 363.2	423	925.9	58.4	656.2	2 063.4
1997~2006 年	454.7	4 008	5 192.1	399.9	753.8	96.1	216.2	1 466.1

时段	水利措施减沙量			河道冲淤	人为增沙	减沙作用	
	灌溉	水库	小计			减沙量	(%)
1956~1969 年	23.3	18	41.3	—	−331.4	639.7	5.6
1970~1979 年	938.8	263.3	1 202.1	146	−778.1	2 001.2	17.1
1980~1989 年	439.5	338.3	777.8	190	−1 002.65	1 328.9	19.7
1990~1996 年	586	366.7	952.7	0	−1 702.9	1 313.2	11.6
1997~2006 年	490.9	453.7	944.6	0	−1 226.4	1 184.2	22.8

表 3-29　北洛河(洑头)人类活动与降雨影响减沙效益计算成果

时段	W_J	W_{SHC}	总减沙量 (亿 t)	人类活动影响		降雨影响	
				量(亿 t)	占总%	量(亿 t)	占总%
1969 年前	1.069	1.069					
1997~2006 年	0.816	0.400 8	0.668 2	0.415 2	62.1	0.253	37.9

注:总减沙量为 1969 年前实测沙量减 1997~2006 年实测沙量;人类活动影响量为计算值减实测值;降雨影响量为 1969 年前计算值减 1997~2006 年计算值。

2)计算结果分析评价

水保法计算结果表明,水土保持措施减沙量为 1 466.0 万 t,按线性叠加得到的综合减沙量为 1 184.2 万 t,说明水土保持减沙量大于水库、灌溉及人为增沙综合后的减沙量。

对北洛河流域水文法与水保法计算结果进行比较,可以看出,采用水文法计算时,北洛河流域近期(1997~2006 年)人类活动减沙量为 4 152 万 t;而水保法计算结果为 1 184.2 万 t,水文法计算结果偏大较多,我们认为除人类活动减水减沙与水利水保措施减水减沙区别外,水文法的理论基础是降雨径流关系具有不变性,也就是评价期的降雨径流关系与基准期的相同,这样的理论假设往往会使连续枯水期的减沙量估算偏大是一个重要原因。

2.泾河流域减沙计算结果比较分析

黄河水利科学研究院水土保持研究所曾茂林等完成的"十一五"国家科技支撑计划

重点项目第一课题第四专题子专题"泾河流域近期水沙变化分析"❶,采用 2008 年 10 月黄河上中游管理局提供的水土保持措施面积,计算了 1997～2006 年张家山以上水土保持措施的减水减沙量,计算时采用两种方法,第一种方法是采用水沙基金以洪算沙法,第二种方法是过去常用的指标法。

以洪算沙法首先采用以下方法计算坡面措施减洪量

$$W = \sum \Delta W \tag{3-11}$$

$$\Delta W = \Delta RF \tag{3-12}$$

式中:W 为流域坡面措施总减洪量;ΔW 为单项坡面措施减洪量;ΔR 为单项坡面措施减洪指标;F 为核实的单项坡面措施面积。

坡面措施减沙量计算采用水沙基金 2 所得的各片洪沙关系,求得各片历年的水土保持措施减沙量。

坝地的减洪量是采用新增坝地面积乘以单位面积坝地减水量而得。

指标法按通常方法进行计算。

两种方法计算的泾河张家山以上 1997～2006 年水土保持措施减水减沙量见表 3-30。

表 3-30　两种方法计算的张家山以上水保措施减水减沙量

计算方法	减水量(万 m³)							减沙量(万 t)						
	梯田	林地	草地	坝地	封禁	合计(含封禁)	合计(不含封禁)	梯田	林地	草地	坝地	封禁	合计(含封禁)	合计(不含封禁)
以洪算沙法	23 930	17 390	5 076	94	877	47 367	46 490	3 729	2 483	1 163	1 605	187	9 167	8 980
指标法	17 600	10 899	3 736	94	628	32 957	32 329	1 165	1 935	767	1 605	129	5 601	5 472

分析表 3-30 可知,1997～2006 年两种方法计算结果相差较大:

(1)从减沙总量来看,以洪算沙法计算的年均减沙量为 8 980 万 t(不含封禁),指标法计算的年均减沙量为 5 472 万 t,以洪算沙法较指标法计算偏大 50%以上。

(2)从减沙构成来看,以洪算沙法坡面措施(梯田、林地、草地)减沙量占总减沙量的82.2%,坝地仅占 17.8%;指标法坡面措施(梯田、林地、草地)减沙量占总减沙量的70.7%,坝地占 29.3%,其中差别最大的是梯田减沙,以洪算沙法梯田减沙量占总减沙量的41.5%,指标法梯田减沙量占总减沙量的21.3%。两种方法的差异说明,两种方法都存在很大的局限性。

(3)从各基金项目计算的泾河减水减沙成果来看,各家计算的流域各年代减水减沙量比较接近。1970～1989 年水文法、水保法平均减水 6.025 亿 m³,减沙 0.441 亿 t;1990～1996 年平均减水 5.528 亿 m³,平均减沙 0.470 亿 t(见表 3-31)。

❶　曾茂林等,泾河流域近期水沙变化分析,黄河水利科学研究院水保所,2008.11。

表 3-31　各基金计算的泾河减水减沙量

时段	计算者	水文法		水保法	
		减水(亿 m³)	减沙(亿 t)	减水(亿 m³)	减沙(亿 t)
1970~1979 年	水沙基金 1	5.99	0.495	6.72	0.511
	水保基金	6.165	0.43	6.206	0.399
	水沙基金 2	6.165	0.574	6.755	0.440
	平均	6.107	0.500	6.560	0.421
1980~1989 年	水沙基金 1	5.010	0.449	6.390	0.327
	水保基金	5.430	0.442	5.661	0.280
	水沙基金 2	5.559	0.627	6.246	0.496
	平均	5.333	0.506	6.099	0.336
1970~1989 年	平均	5.720	0.503	6.330	0.379
1990~1996 年	水沙基金 2	4.415	0.442	6.641	0.498

采用指标法计算的 1997~2006 年均减沙量(5 472 万 t)较 1990~1996 年计算的年均减沙量(4 700 万 t)偏大一些,经 10 年治理减沙作用偏大一些是可以理解的;而用以洪算沙法计算的 1997~2006 年减沙量(8 980 万 t)较指标法计算的 1990~1996 年减沙量(4 700 万 t)偏大 90%以上难以理解,说明以洪算沙法存在问题较多。

3.皇甫川流域减沙效益计算结果比较分析

黄河水利科学研究院王金花等完成的院长基金项目"皇甫川流域水土保持综合治理减水减沙作用以及对产沙级配的影响发现"对近期(1997~2006 年)水土保持减沙效益进行了分析。水保法与水文法分析结果列于表 3-32、表 3-33。

表 3-32　皇甫川流域水保法计算的水土保持措施年均减沙量

时段	降雨量(mm)	水土保持减沙量(万 t)				
		梯田	林地	草地	坝地	合计
1956~1969 年	430	5.4	60.0	3.0	47.1	115.5
1970~1979 年	372	21.2	211.0	14.7	189.2	436.1
1980~1989 年	343	19.9	388.0	26.5	580.1	1 014.5
1990~1996 年	414.2	29.2	469.2	38.5	969.8	1 506.7
1997~2006 年	326	12.1	467.7	165.7	12.1	657.6

表 3-33 皇甫川流域水文法年均减沙量计算结果

时段	年均输沙量(万 t)			人类活动影响(万 t)		降雨影响(万 t)	
	实测	计算	总减沙量	计算-实测	占总减沙量(%)	减沙量	占总减沙量(%)
1969 年前	6 071	6 439					
1971~1979 年	6 205	6 361	234	156	66.7	78	33.3
1980~1989 年	4 241	4 553	2 198	312	14.2	1 886	85.8
1990~1996 年	2 967	6 289	3 472	3 322	95.7	150	4.3
1997~2006 年	1 361	4 200	5 078	2 839	55.9	2 239	44.1

注:总减沙量为 1969 年前实测沙量减各年代实测沙量;人类活动影响量为计算值减实测值;降雨影响量为 1969 年前计算值减年代计算值。

由表列成果可以看出,水文法与水保法计算结果差异很大,水文法计算流域减沙量为2 839 万 t,而水保法计算得减沙量为 657.6 万 t,水文法计算结果是水保法计算结果的4.32 倍。从皇甫川流域的实际情况来看,水保法计算结果更接近实际一些,而水文法计算结果偏大的主要原因是治理前后降雨产沙关系的不变性,因此在连续枯水时段采用水文法计算不尽合理。

3.3.1.2 现行水土保持减沙效益计算方法存在问题分析评价

目前所采用的水保法主要有两种,一种是指标法,这种方法首先确定各项措施单位面积的减水、减沙指标,再根据措施面积与减水、减沙指标的乘积求出水土保持措施减水减沙量。这种方法的优点是简单直观,成因性强。缺点是该方法的减水、减沙指标是根据坡面小区观测资料得出的,在运用到流域计算时缺乏理论上的说服力。此外,指标法采用的系数较多,这些系数的确定多是调查统计和经验判断而得,存在人为指定性,同时指标法计算减沙作用是按单项措施分别计算的,没有考虑其内在的联系和相互影响,如梯田、林、草等坡面措施,不仅可以减少坡面水土流失,由于水不下沟或少下沟,将大大减少沟道的侵蚀。淤地坝不仅对上游有减沙减蚀作用,由于其蓄水、削峰作用,同样会减少下游河道的侵蚀。鉴于上述原因,研究人员对水保法计算方法进行了一定程度的改进,提出了坡面措施以洪算沙方法,并对小区资料得到的减洪、减沙指标如何应用到支流计算进行了探索,也在黄河中游重点支流减水减沙效益计算中进行了应用,提出了相应成果。然而实践表明,以洪算沙法虽然对水保法计算方法进行了改进,但也有一定的局限性,主要表现在:①对于小区观测的泥沙资料及其分析成果未能利用,同时未考虑治理对水沙关系改变的影响,所确定的减洪指标偏大;②以洪算沙法要求流域治理前的洪水泥沙关系为线性关系,当该流域洪沙关系为非线性时误差较大;③未考虑水土保持措施质量对减沙作用的影响。该方法存在的局限性,往往导致以洪算沙法计算结果偏大。

本书分析了现行水土保持减沙效益计算方法存在的主要问题,指出水土保持减水减沙效益计算方法影响因素极其复杂,现行的水保法,无论是指标法还是以洪算沙法在理论上均存在一定的理论缺陷。因此,在现阶段水土保持减沙效益计算中,推荐采用改进的水保法。

3.3.2　水土保持措施减水减沙效益计算方法改进研究

3.3.2.1　改进的水保法

由于现行的坡面措施减水减沙指标是根据黄土丘陵沟壑区小区观测资料建立的,当用于风沙区等水土流失类型区时需加以修正。再者近期坡面措施数量、质量、分布对减水减沙效益影响较大,因此在利用水保法计算水土保持等人类活动减水减沙效益时推荐采用改进的水保法。

1.改进的水保法计算方法

1)坡面措施减沙量计算方法

(1)坡面措施减沙量计算基本公式水土保持坡面措施(主要指人工林、人工草、梯田等)采用以下计算基本公式:

$$\Delta W_{s} = \sum_{i=1}^{n} M_{sb}f_{i}\eta_{si}\xi_{i} \tag{3-13}$$

式中:ΔW_{s} 为某坡面措施减沙量;M_{sb} 为坡面产沙模数;f_{i} 为某坡面措施有效面积;η_{si} 为某坡面措施减沙系数;ξ_{i} 为措施数量、质量、分布对减沙影响的修正系数。

(2)各项计算参数的确定。

①各项措施面积的确定。根据黄河水土保持生态环境监测中心采用地面调查与遥感调查相结合的方法,完成的《黄河上中游水土保持措施调查报告》中经调查核实的黄河中游 25 条支流(其中河龙区间 21 条,泾、洛、渭、汾河 4 条)全流域措施面积,分别计算出河龙区间和泾、洛、渭、汾河流域 1996～2007 年各年的各项措施面积(见表 3-34),然后将 1996～2007 年水土保持措施量划分为两部分,首先将 1996 年各项措施累计值,作为评价期内仍发挥减沙作用措施进行计算;继而求出 1996～2007 年年均新增值单独计算,两项之和为措施计算面积。

表 3-34　黄河中游评价期水土保持措施调查核实　　　　(单位:km²)

年份	河龙区间					泾、洛、渭、汾				
	梯田	林地	草地	坝地	封禁	梯田	林地	草地	坝地	封禁
1996	3 951.12	18 353.12	2 627.69	464.25	1 227.43	14 991.05	20 281.94	4 049.82	421.33	3 496.29
1997	3 714.41	18 867.96	2 689.85	470.89	1 243.61	15 710.56	21 107.23	3 966.46	424.84	3 639.20
1998	3 853.83	19 118.28	2 749.94	489.34	1 265.15	16 619.71	22 061.23	4 171.69	446.01	3 733.08
1999	4 088.38	19 545.83	2 870.49	515.42	1 290.54	17 046.11	22 928.29	4 464.86	471.47	3 838.80
2000	4 125.23	19 285.88	2 836.90	545.12	1 283.60	17 597.62	23 650.96	4 561.06	470.30	3 897.14
2001	3 918.22	19 360.90	2 875.67	540.2	1 354.41	17 692.07	24 522.49	4 703.72	450.19	4 044.75
2002	3 976.30	20 253.87	3 063.55	554.25	1 605.89	18 364.17	25 838.27	4 956.59	458.44	4 334.46
2003	4 031.08	21 106.80	3 245.02	569.42	1 876.80	18 607.85	27 263.56	5 198.08	463.57	4 545.37
2004	4 046.94	21 981.90	3 397.30	580.77	1 835	18 961.37	28 427.81	5 428.78	462.63	3 943.52
2005	4 103.95	22 615.42	3 481.46	595.89	2 186.71	19 325.56	29 492.95	5 651.52	466.08	4 343.45
2006	4 089.59	23 106.86	3 476.15	609.81	2 338.97	19 783.47	30 183.22	5 999.29	464.31	4 716.78
2007	4 127.07	23 561.57	3 524.29	615.2	2 693.35	19 867.59	30 999.65	5 764.42	470.66	4 984.61

注:河龙区间水土保持措施量为红河、杨家川、偏关河、皇甫川、县川河、孤山川、朱家川、岚漪河、蔚汾河、窟野河、秃尾河、佳芦河、湫水河、三川河、屈产河、清涧河、无定河、昕水河、延河、云岩河、仕望川等 21 条支流之和;泾、洛、渭、汾流域为泾河、北洛河、渭河、汾河 4 条支流之和。

②坡面产沙模数的确定。坡面产沙模数是计算坡面措施减沙量的重要参数,其值随治理的发展而变化,现行的计算方法用治理前的产沙模数进行计算是不合理的,应当考虑治理对产沙状况的改变。因此,可通过水文泥沙资料分析,求得计算时段某河段(或沟口)流域产沙(或称输沙)模数,再求出坡面产沙模数。

为求得因治理而变化了的河段输沙模数,应采用各河段评价年份的平均输沙量除以水土流失面积求得,如河龙区间 1996 ~ 2007 年合计输沙量 29.009 4 亿 t,年均输沙量 2.417 亿 t,水土流失面积 100 236 km²,输沙模数为 2 411.76 t/km²;泾、洛、渭、汾河合计输沙量为 27.682 亿 t,年均输沙量为 2.306 8 亿 t,水土流失面积 106 092 km²,输沙模数为 2 174.3 t/km²。考虑到 1996 年的累计措施量在 1997 ~ 2007 年仍有减沙作用,因此在计算 1996 年累计措施量减沙量时采用 1996 ~ 2007 年输沙模数。从而求得各河段输沙模数(见表 3-35)。有了河段输沙模数,即可求得坡面产沙模数。

表 3-35　黄河中上游各年代不同河段输沙模数　　　　　　　　(单位:t/km²)

年份	河口镇以上	河龙区间	泾、洛、渭、汾
1996 ~ 2007	204.47	2 411.76	2 174.3

水土保持措施的拦沙作用,除与措施种类的数量、质量、分布有关外,还与流域的地貌和产沙特性有关。据黄河中游韭园沟等 8 条小流域的资料统计,沟间地占流域面积的 50.3% ~ 75.9%,平均为 60.8%;沟谷地占 24.4% ~ 49.7%,平均为 39.2%(见图 3-11)。

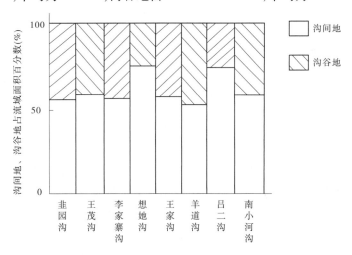

图 3-11　黄河中游典型小流域沟间地、沟谷地占流域面积比例

另据对实施水土保持措施前黄土丘陵沟壑区典型小流域的观测资料分析,沟谷地与沟间地侵蚀模数之比为 1.1 ~ 1.76(见表 3-36),计算时通常取沟谷地与沟间地侵蚀模数之比 1.76。

表 3-36　沟谷地和沟间地土壤侵蚀模数

地名	沟名	流域面积（km²）	年平均侵蚀模数（t/km²）	地貌类型						沟谷地与沟间地侵蚀模数之比
				沟间地			沟谷地			
				年平均侵蚀模数（t/km²）	面积（%）	侵蚀量（%）	年平均侵蚀模数（t/km²）	面积（%）	侵蚀量（%）	
子洲	团山沟	0.18	23 460	19 600	74	61.8	34 500	26	38.2	1.76
绥德	团园沟	0.49	27 530	26 300	45.4	43.3	28 500	54.6	56.7	1.1
离石	王家沟	9.1	13 800	10 900	59.9	47.1	14 200	40	52.9	1.3
绥德	韭园沟	70.1	18 100	16 000	56.6	50.1	20 700	43.4	49.9	1.3

为计算方便,近似取沟间地与沟谷地面积之比 3∶2。在泥沙输移比接近 1 的情况下,可以忽略计算沟道的冲淤变化,但不能忽视坡面与沟壑产沙模数的差别。因此,可建立如下反映地貌特征和产沙规律的沙量平衡方程:

$$W_s = F_b M_{sb} + F_g M_{sg} \tag{3-14}$$

式中:W_s 为流域产沙量;F_b、F_g 为沟间地与沟谷地面积;M_{sb}、M_{sg} 为沟间地与沟谷地产沙模数。

多年来研究者认为,对于黄土丘陵沟壑区,可建立如下联立方程:

$$M_{sg}/M_{sb} = 1.76 \tag{3-15}$$

$$0.4M_{sg} + 0.6M_{sb} = M \tag{3-16}$$

式中:M 为沟口年平均侵蚀模数。

联立解式(3-15)、式(3-16)可得:

$$M_{sb} = M/1.3 \tag{3-17}$$

式(3-17)即为坡面产沙模数计算公式。对于该式,有研究者认为,利用坡面产沙模数计算坡面措施拦沙量,没有考虑坡面径流对沟道侵蚀的影响,因此可能使坡面措施拦沙量计算偏小;也有的研究者认为,以年平均侵蚀模数去推算减沙效益,其效益可能偏大。对于这些问题今后仍需深入研究,目前仍采用式(3-17)进行计算。

③坡面措施减沙系数的确定。绥德水保站在分析各地径流小区观测资料基础上,综合整理出了不同质量、不同径流泥沙水平下径流小区梯田、林地、草地减水、减沙指标(见表 3-37),可以看出,各项措施都有较大的减水减沙作用,而且枯水期较丰水期减水减沙作用大。但应当指出,这是在试验小区观测的,将径流小区治坡措施减水减沙指标移用到大面积计算时需视实际情况加以修改。考虑到径流小区与大面积的主要差别,特别是受措施质量、管理因素以及复杂的地形等因素影响,因此当小区观测效益移用到大面积是采用较低质量指标,故在大面积计算时,梯田的质量按 3、4 类考虑;河龙区间北部和西北部,林地、草地基本无枯枝落叶层,被覆度平均在 35% 以下,因此林草地采用盖度 20% ~30% 的平均值。为计算方便,根据表 3-37 的指标整理成计算大面积坡面措施减水减沙指标

（见表3-38），计算时可采用多年平均指标。

表3-37　不同质量、不同径流泥沙水平下径流小区梯田、林地、草地减水减沙指标　　（%）

措施及质量		枯水（$P>75\%$）		平水（$P=25\%\sim75\%$）		丰水（$P<25\%$）		多年平均	
		减水	减沙	减水	减沙	减水	减沙	减水	减沙
梯田	1类	100	100	100	99.5	78.0	48.7	94.5	86.9
	2类	100	100	98.0	95.3	69.8	43.6	91.5	83.6
	3类	99.0	100	90.0	83.8	59.3	38.0	84.6	76.4
	4类	95.0	88.0	76.0	56.2	46.9	33.3	73.5	58.4
林地	覆盖度70%	100	100	100	98.0	76.5	57.7	94.1	88.4
	覆盖度60%	100	100	96.5	92.9	72.2	51.0	91.3	84.2
	覆盖度50%	99.0	99.0	90.1	86.9	64.2	46.2	85.9	79.8
	覆盖度40%	94.0	96.0	73.2	69.8	48.8	33.3	72.3	67.2
	覆盖度30%	80.0	89.0	52.0	48.2	28.4	19.2	53.1	51.2
	覆盖度20%	55.0	73.0	26.7	20.2	11.1	6.4	29.9	30.0
草地	覆盖度70%	100	100	96.3	94.4	64.8	50.0	89.4	84.7
	覆盖度60%	100	100	92.6	89.9	59.3	45.1	86.1	81.2
	覆盖度50%	98.0	99.0	83.7	82.5	51.2	40.0	79.2	76.0
	覆盖度40%	86.0	95.0	67.8	66.5	37.7	30.0	64.8	64.5
	覆盖度30%	72.0	85.0	42.7	41.8	22.1	16.9	44.9	46.4
	覆盖度20%	45.0	69.0	19.5	18.6	8.2	5.9	23.1	28.0

注：表中枯、平、丰栏中的百分数指年产水量及年产沙量的频率。

表3-38　大面积坡面措施的减水减沙指标　　（%）

措施	枯水年		平水年		丰水年		多年平均	
	减水	减沙	减水	减沙	减水	减沙	减水	减沙
水平梯田	97.0	94.0	83.0	70.0	53.0	36.0	79.0	67.0
人工林地	67.0	81.0	39.0	34.0	20.0	13.0	42.0	41.0
人工草地	58.0	77.0	31.0	30.0	15.0	11.0	34.0	37.0

（3）各项水土保持措施调查数量、质量、分布对减沙影响系数的确定。计算水土保持减水减沙作用所采用的措施面积是指真正发挥减水减沙作用的有效面积，因此在计算水土保持减水减沙效益之前需对水土保持数量、质量、分布进行分析。

①关于林地数量、质量、分布对减沙影响的分析。

近期林地面积发展快、面积大，对减水减沙影响引起人们的关注。林地减水减沙比较复杂，不仅取决于林地覆盖面积，而且与林地的数量、质量、分布有很大关系。

A. 林地数量对减沙影响分析

本次调查的林地面积是指乔木林、灌木林、果园合并后的面积,乔木林减沙作用较大,但黄河中游地区数量较少,灌木林面积较大,但质量较差,果园一般位于水土流失比较轻微的地区,减沙作用较小。

B. 林地质量对减沙影响分析

a. 榆林林业部门调查资料分析

据榆林林业局近期调查,榆林市由于原来是义务植树,资金不到位,技术上也达不到要求,因此栽植的树种多以灌木林为主。经过这么些年的发展,绝大多数都已迈入成熟、过熟期,开始老化、枯死。在榆林市这样的林地有 93.33 多万 hm^2,占榆林市造林保存面积的 70% 以上(引自陕西日报,2010 年 11 月 10 日《绿色北移 400 km 之后——榆林防治沙现状调查》)。

b. 皇甫川流域遥感调查资料分析

图 3-12 为黄河上中游管理局根据 2006 年 9 月航片绘制的皇甫川流域植被覆盖图,可清晰地看出高、低覆盖区,据此得出的皇甫川造林资料(见表 3-39),由表列成果可以看出,全流域治理面积为 1 396.17 km^2,其中水土保持林面积 1 001.78 km^2,占治理面积的 71.8%,在水保林中,疏林和幼林(灌木林和未成林)占 81.8%,属覆盖度小于 30% 的低覆盖,研究表明,当覆盖度小于 30% 时,林地控制侵蚀的作用很小,因此占林地 80% 以上的疏林和幼林仍按成林的拦蓄指标计算减沙效益,势必将减沙效益算大。在造林面积中,乔木林占造林总面积的 19.1%,灌木林占 65.5%,未成林占 15.3% 的情况,也就是说,真正起减沙作用的林地是乔木林和覆盖度大于 30% 的灌木林,未成林基本不起到减沙作用,据调查,皇甫川流域真正发挥减沙作用的灌木林中约有 50% 的面积为覆盖度大于 30% 的有效减沙面积。据此,有效减沙作用的林地合计为 51.9%(0.191 + 0.655 × 0.5),即有 50% 左右的林地为有效减沙面积。

表 3-39　皇甫川流域造林面积统计　　　　　　　　　　　(单位:km^2)

行政区	治理面积	其中水保林面积			
		乔木林	灌木林	未成林	合计
准格尔旗	1 259.72	172.97	634.71	141.17	948.85
达拉特旗	12.12	1.78	4.31	1.30	7.39
内蒙古	1 271.84	174.75	639.02	142.47	956.24
府谷县	124.33	17.53	17.43	10.58	45.54
陕西省	124.33	17.53	17.43	10.58	45.54
合计	2 792.34	384.56	1 312.90	306.10	2 003.56

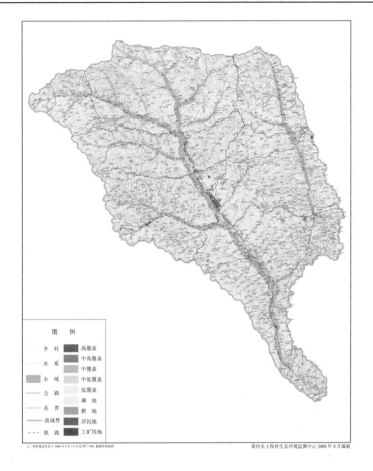

图 3-12　皇甫川流域植被覆盖图(2006 年)

C. 林地分布对减水减沙影响分析

a. 关于风沙区林地面积处理问题

图 3-13 为 2007 年水土保持林分布图,可以看出水土保持林分布密度较大的地区大都分布在风沙区或风沙区边缘地区。

图 3-14 为第二期水沙基金调查绘制的河龙区间人工林密度分布图,可以看出,林地分布密度最大的地区为秃尾河上游、芦河河源区和朱家川上游(林地分布密度大于 30 hm^2/km^2,即林地覆盖度大于 30% 的高覆盖区)。例如,秃尾河分布的高覆盖区在公伯海子一带,这里地势平坦,水资源丰富,农田林网密布,林地较多是事实,由于地处风沙区,水土流失轻微,产流产沙较小,风沙区林草地对防止风蚀有重要作用,但对水蚀而言,减水减沙作用较小。

众所周知,目前研究的是水沙关系,不是风沙关系,风沙区林地可有效减少风沙,但从水沙关系来看,风沙区降雨产流较少,产沙也较少,观测资料表明,在风沙覆盖区,降雨几乎全部入渗,形成稳定的地下补给水。据芹河流域 1985～1990 年观测资料,地下径流量占总径流量的 98%,而地表径流只占 2%。地表径流主要来自村庄、道路等地段的超渗产

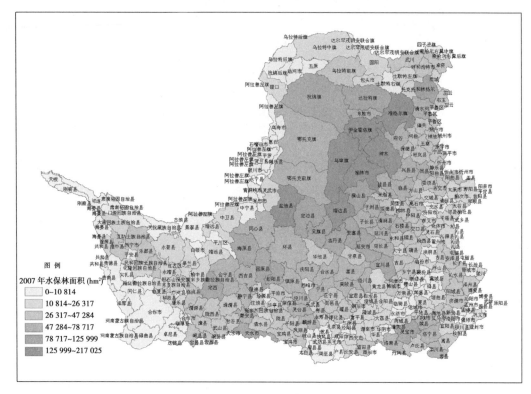

图 3-13　黄河上中游地区 2007 年水土保持林面积分布

流及部分水地中的蓄满产流。风沙覆盖区的海流兔河也存在类似情况,地表径流占总径流量的 10% 左右。从降雨产沙关系来看,风沙区的降雨产沙关系与黄土区有很大不同,以下为不同下垫面输沙量随降雨的年内分配关系:

黄土区	大理河(1968 ~ 1979 年)	$S_m = 0.037 P_m^{2.211}$	(3-18)
	延　河(1954 ~ 1969 年)	$S_m = 0.003\ 89 P_m^{2.594}$	(3-19)
基岩区	纳林川(1968 ~ 1979 年)	$S_m = 0.000\ 13 P_m^{3.767}$	(3-20)
风沙区	芹　河(1986 ~ 1990 年)	$G_{sm} = 2.730\ 26 P_m^{-0.078}$	(3-21)
过渡区	秃尾河(1956 ~ 1969 年)	$S_m = 1.345\ 02 P_m^{1.227}$	(3-22)

式中:S_m、P_m、G_{sm} 分别为年均月输沙量、月降雨量和月平均输沙率。

由以上关系可以看出,位于砒砂岩区的纳林川,多年平均月输沙量随月降雨量呈 3.767 次幂的速率增加;黄土区的大理河以 2.211 次幂增加;而风沙区的芹河却以 0.078 次幂的速率递减,这是由于降雨入渗以地下水的形式滞后出流造成的;至于秃尾河,虽然高家堡以上为风沙区,但高家堡至高家川为占流域面积 35% 左右的黄土区,其平均月输沙量随月降雨量呈 1.227 次幂的速率增加,远较黄土区的大理河为低,显示出介于黄土区与风沙区之间过渡区域(风沙区边缘区)的特点。由此可以得到这样的认识:风沙区或风沙区边缘地区在同样降雨量条件下,产流产沙较少,说明风沙区或风沙区边缘地区的水保林对减沙影响较小,如果风沙区林地仍按黄土区林地减水减沙指标计算,势必使减水减沙

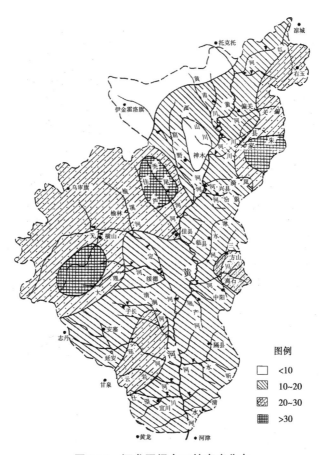

图 3-14　河龙区间人工林密度分布

效益计算偏大,因此应对风沙区和风沙区边缘区林地面积进行处理,也就是说,计算减水减沙效益时应考虑风沙区和风沙边缘区这部分林地面积对减水减沙的影响,即对风沙区和风沙边缘区林地减沙效益的计算进行折减。

b. 关于天然林区面积处理问题

天然林区水土流失轻微,坡面措施很少,可忽略不计水土保持减水减沙作用,林地调查中可能包含了部分天然林面积,因此在计算林地减沙效益时适当考虑扣除部分天然林面积。

c. 关于产流产沙很少或不产流产沙地区林地面积处理问题

如大黑河流域,多年来产流产沙很少或不产流,因此在计算水土保持减水减沙效益时,不应计这一地区的林地面积。

d. 关于"四旁林"面积处理问题

近年来路旁、村旁、渠旁、庭院绿化等"四旁林"发展很快,"四旁林"对生态景观和防治风沙等有重要作用,但"四旁林"大多分布在水土流失轻微地区,减水减沙作用不大,计算减水减沙作用时可以忽略,或在统计林地面积时,应对"四旁林"面积进行合理性处理,减少林地面积比例。

e. 关于经济林与生态林的面积处理问题

近年来,经济林较生态林发展快,经济林的减水减沙作用较生态林的减水减沙作用小,因此不能将经济林作为一般生态林进行减水减沙计算,应将两者区分开来。

②关于梯田质量对减沙影响的分析。

根据梯田修建标准及实际情况,各地梯田质量差别较大,一般可分为三类:符合设计标准,田面宽度在 5 m 以上,田面平整或呈反坡,埂坎完好,在设计暴雨情况下不发生水土流失,称为一类梯田;田面宽度在 5 m 以下的反坡梯田或水平梯田,或田面宽度在 5 m 以上,田面坡度小于 4°,大部分已无边埂但田面完好,仍有一定拦沙能力,称为二类梯田;田面宽度在 4 m 以下,田面坡度在 4 度以上,地无埂,拦蓄能力差,称为三类梯田。根据山西省水土保持措施调查(2010 年),一类梯田占 19%,二类梯田占 27%,三类梯田占 54%。1994 年《黄河中游河口镇至龙门区间水土保持措施减水减沙效益研究》调查,一类梯田占 25% ~ 30%,二类梯田占 55% ~ 60%,三类梯田占 20%。对比分析可以看出,2010 年调查的三类梯田比 1994 年调查的三类梯田偏大较多,分析其原因主要是"老梯田"大部已到运用后期,拦蓄能力衰减;近年来新修梯田大多为机修梯田,田面宽和平整度都较人工修建的梯田好,但田埂质量由于要靠人工修,普遍质量不如历史上的田埂质量,软埂较多,几乎没有田坎,因此三类梯田比例高。此外,在梯田面积中包括一部分条田,条田减沙作用较水平梯田小,综合考虑以上因素影响,取措施数量、质量对减沙影响系数为 0.5。

③各项措施数量、质量、分布影响减沙系数的确定。

根据以上各项措施数量、质量、分布对减沙影响分析,为求得真正发挥减水减沙作用,需引进一个影响系数加以修正。因此,在计算各项水土保持措施减沙效益时,需乘以措施数量、质量、分布对减沙影响系数(见表 3-40)。

表 3-40　各项坡面措施数量、质量、分布对减沙影响系数　　　　　　　（%）

措施	梯田	造林	种草	封禁
措施数量、质量、分布对减沙影响系数	50	40	40	40

2)坝地减沙量计算方法

(1)淤地坝减沙量计算基本公式。

淤地坝减沙量按以下公式计算:

$$\Delta W_{s} = \Delta W_{sg} + \Delta W_{sb} \tag{3-23}$$

$$\Delta W_{sg} = M_{s}f(1 - \alpha_{1})(1 - \alpha_{2}) - \Delta W_{s}Z \tag{3-24}$$

$$\Delta W_{sb} = k\Delta W_{sg} \tag{3-25}$$

式中:ΔW_{s} 为淤地坝总减沙量;ΔW_{sg} 为坝地拦泥量;ΔW_{sb} 为坝地减蚀量;M_{s} 为单位面积坝地拦泥量;f 为计算期内坝地面积;α_{1} 为人工填地及坝地两岸坍塌所形成的坝地面积占坝地总面积的比例系数;α_{2} 为推移质在坝地拦泥量中所占比例系数,坝地拦泥量主要指悬移质泥沙;k 为淤地坝减蚀系数(减蚀量/拦沙量);Z 为水毁增沙系数。

（2）各项计算参数的确定。

①坝地面积的确定。

坝地面积有两种情况，一种是新增坝地面积；另一种是前期已淤成的坝地面积。后一种坝地的拦沙量目前还无法计算，本次计算暂不考虑，仅计算新增坝地面积的减沙量。

②α_1、α_2 的确定。

关于 α_1 的取值，目前尚无准确的观测资料，但黄河中游的坝地确有一部分是人工填筑的，此外多数沟道在修建淤地坝之前或多或少有些沟台地，淤地坝修成之后，经洪水淤漫成为坝地，因此在计算淤地坝拦泥量时应将其扣除。这部分坝地占多大比例，各流域不尽相同，据对无定河、孤山川等流域调查，α_1 为 10% ~ 20% ，本次计算取 10% 。关于 α_2 的取值，目前也无准确的观测资料，在淤地坝拦泥量中主要指悬移质泥沙，因此应将淤地坝拦泥量中拦截的推移质泥沙扣除，但推移质泥沙的多寡与流域产沙和输沙等多方面因素有关，不同流域和不同沟道，其值是不同的，据一些水保试验站的观测资料，α_2 为 5% ~ 10% ，本次计算取值 5% 。

③淤地坝减蚀系数（减蚀量/拦沙量）的确定。

据熊贵枢、于一鸣等的分析，河龙区间淤地坝减蚀量为淤地坝拦泥量的 1% ~ 3% ，另据冉大川等计算的北洛河流域淤地坝拦沙量计算成果，丘陵沟壑区多年平均 k 值为 7% ，高塬沟壑区为 1.5% ，其他类型区为 4.3% ，多年平均为 4.4% 。本次计算值取 3% 。

④水毁增沙系数 Z 的确定。

1985 年前修建的大量水土保持淤地坝和小水库工程，大多由当地群众修建，普遍存在设计标准偏低，施工质量较差，工程不配套等问题，而且随着时间的推移，工程老化失修，病险坝库较多，遭遇超标准暴雨洪水，常常造成局部水毁，即使在防御标准内的暴雨洪水，也常因工程质量差、疏于管理等因素出现一定的水毁现象。表 3-41 为黄河中游地区暴雨水毁淤地坝调查结果，由表列成果可以看出，1966 ~ 2002 年的 36 年里，发生较大的淤地坝水毁 7 次，以冲失坝地占全县坝地百分数作为水毁增沙系数，其值为 5.8% ~ 12.5% 。淤地坝减沙是一个较长时段的效益，在一个较长时段内，淤地坝水毁是难免的。事实证明，在黄河中游地区黄河水沙丰枯变化比较明显，常有长达数年或数十年的枯水系列和每隔几年就有较大洪水出现的丰水系列交替出现。这种水沙丰枯变化主要是由气候条件决定的，在短期内难以改变，即使没有暴雨水毁发生，也常因淤地坝淤满失效而拦沙作用衰减。因此，在计算淤地坝减沙时应适当减去淤地坝因自然因素和人为因素造成的增沙量。但考虑到近期修建的治沟骨干工程暴雨水毁较少，本次计算令 $Z = 0$ ，即不考虑水毁增沙影响。

表 3-41　黄河中游地区暴雨水毁淤地坝调查结果

调查地区	绥德、米脂、横山县	延川县	延长县	子长县	准格尔旗	子洲县	子长县
暴雨时间（年-月-日）	1966-07-17	1973-08-25	1978-08-05	1977-07-05	1988-08-03～05	1994-08-04～05	2002-07-04～05
降雨量(mm)	101、165、112	112.5	159.2	167	127.3	130	283
总坝数(座)	693	7 570	6 000	403	665	968	1 244
水毁坝数(座)	444	3 300	1 830	121	86	821	85
坝数水毁率(%)	64.1	43.6	30.5	30	12.9	84.8	6.8
冲毁坝地占坝库内坝地(%)	72	13.3	26.1	26	10.2		30
冲失坝地占全县坝地(%)		5.8	9.3	5.2	10	6.1	12.5

⑤单位面积拦沙指标的确定。根据黄河中游典型流域现有淤地坝拦泥量的调查资料（见表 3-18），并考虑扣除 α_1、α_2 的泥沙量，本次计算采用表 3-42 所示定额。

表 3-42　黄河中游不同河段单位坝地面积拦沙量

河段	河口镇以上	河龙区间	泾、洛、渭、汾河
单位坝地面积拦沙量(t/hm^2)	66.67	280	166.67

3.3.2.2　黄河中游近期水土保持措施减沙效益算例

1. 黄河中游水土保持减沙计算分区

黄河中游水土保持减水减沙效益主要指黄河龙门、华县、河津、洑头 4 站以上流域水土保持减水减沙效益。从地域分异出发，将黄河上中游分为河口镇以上，河龙区间，泾、洛、渭、汾等 3 个计算区，分别计算其水土保持减水减沙作用，然后将其计算结果相加，集成为黄河上中游水土保持减水减沙作用。

1）分区原则

（1）因各区地域分异不同，因此要分区计算，但分区也不宜过细，同时尽量与黄河干流分段相结合，以便于从宏观上了解。

（2）各区的水土流失特点（包括侵蚀模数）应比较接近，因而其范围内各项水土保持措施的减沙模数也比较接近，便于采取统一的计算参数。

2）分区简况

（1）河口镇以上流域。

河口镇以上流域指龙羊峡至河口镇区间（含青海、甘肃、宁夏、内蒙古），流域面积25.45 万 km^2，区内有水土流失比较严重的黄土丘陵沟壑区第四副区、第五副区，也有较大面积的干旱草原区与风沙区（其中水沙不入黄河的面积约 6 万 km^2），另有灌区面积 3.53 万 km^2，二者约占本区面积的 40%，对本区年均实测输沙模数影响不大，而水库拦沙与灌溉引沙对减少河流输沙量影响很大，水土保持措施减沙作用较小。

（2）河口镇至龙门区间。

河口镇至龙门区间（含内蒙古、陕西、山西）面积 11.16 万 km²，仅占全河面积的 14.8%，而来沙量却高达 10.3 亿 t（1956～1969 年平均），占全河来沙量 16 亿 t 的 60% 以上，实测年均输沙模数高达 9 000 t/km² 以上。区内主要由水土流失严重的黄土丘陵沟壑区第一副区、第二副区组成，这一地区既是水土流失的重点地区，也是水土保持重点地区，本区没有大型灌区引沙，减沙作用中主要以水土保持和支流治理为主。

（3）泾、洛、渭、汾流域。

泾、洛、渭、汾流域主要指北洛河洑头以上、渭河华县（含泾河）以上、汾河河津以上（含甘肃、宁夏、山西）。本区水文统计年输沙量，一般以华县、河津、洑头 3 站以上为准（简称泾、洛、渭、汾）。从 20 世纪 60 年代以来，由于三门峡库区淤积影响，渭河华县以上河床淤积严重，同时水库拦沙和灌溉引沙数量也较大，因而影响到流域实际产沙与水文站实测输沙之间存在相当差异。20 世纪五六十年代该区实测输沙量 5.81 亿 t，约占黄河多年平均输沙量的 30%。该区是水土保持的第二个重点地区，年均减沙量中水利措施和水土保持措施都各占相当比例。

根据以上分区情况，由于河口镇以上水土保持减沙作用较小，因此本次主要计算减沙作用较大的河龙区间和泾、洛、渭、汾河流域水土保持减沙效益。

2. 黄河中游各项水土保持措施减沙量计算结果

本次计算采用的水土保持措施面积为表 3-33 确定的 1996～2007 年河龙区间和泾、洛、渭、汾流域的各项水土保持措施数量。计算参数采用本次研究确定的各项参数。

计算结果列于见表 3-43～表 3-47。

表 3-43　黄河中游 1996～2007 年造林减沙量计算结果

项目		坡面产沙量（万 t）	减沙系数	年减沙量（万 t）	1996～2007 年减沙量（万 t）	措施质量分布减沙系数	1996～2007 年实际减沙量（万 t）
黄河中游合计	合计	7 047.9	0.41	2 889.6	34 675.6	0.4	13 870.2
	1996 年累计	6 797.1	0.41	2 786.8	33 441.6	0.4	13 376.6
	1996～2007 年年均新增	250.8	0.41	102.8	1 234.0	0.4	493.6
河龙区间	小计	3 492.7	0.41	1 432.0	17 184.0	0.4	6 873.6
	1996 年累计	3 404.9	0.41	1 396.0	16 752.0	0.4	6 700.8
	1996～2007 年年均新增	87.8	0.41	36.0	432.0	0.4	172.8
泾、洛渭、汾	小计	3 555.2	0.41	1 457.6	17 491.6	0.4	6 996.6
	1996 年累计	3 392.2	0.41	1 390.8	16 689.6	0.4	6 675.8
	1996～2007 年年均新增	163.0	0.41	66.8	802.0	0.4	320.8

表 3-44　黄河中游 1996～2007 年种草减沙量计算结果

项目		坡面产沙量（万 t）	减沙系数	年减沙量（万 t）	1996～2007 年减沙量（万 t）	措施质量分布减沙系数	1996～2007 年实际减沙量（万 t）
黄河中游合计	合计	1 206.7	0.37	446.5	5 359.2	0.4	2 143.7
	1996 年累计	1 165.5	0.37	431.2	5 175.6	0.4	2 070.2
	1996～2007 年年均新增	41.2	0.37	15.2	183.6	0.4	73.5
河龙区间	小计	502.6	0.37	186.0	2 232.0	0.4	892.8
	1996 年累计	487.5	0.37	180.4	2 164.8	0.4	865.9
	1996～2007 年年均新增	15.1	0.37	5.6	67.2	0.4	26.9
泾、洛渭、汾	小计	704.1	0.37	260.6	3 127.2	0.4	1 250.9
	1996 年累计	678	0.37	250.9	3 010.8	0.4	1 204.3
	1996～2007 年年均新增	26.1	0.37	9.7	116.4	0.4	46.6

表 3-45　黄河中游 1996～2007 年封禁减沙量计算结果

项目		坡面产沙量（万 t）	减沙系数	年减沙量（万 t）	1996～2007 年减沙量（万 t）	措施质量分布减沙系数	1996～2007 年实际减沙量（万 t）
黄河中游合计	合计	862.7	0.37	319.2	3 829.2	0.4	1 531.7
	1996 年累计	812.4	0.37	300.6	3 606	0.4	1 442.4
	1996～2007 年年均新增	50.3	0.37	18.6	223.2	0.4	89.3
河龙区间	小计	252.4	0.37	93.4	1 119.6	0.4	447.9
	1996 年累计	227.7	0.37	84.2	1 010.4	0.4	404.2
	1996～2007 年年均新增	24.7	0.37	9.1	109.2	0.4	43.7
泾、洛渭、汾	小计	610.3	0.37	225.8	2 709.6	0.4	1 083.8
	1996 年累计	584.7	0.37	216.3	2 595.6	0.4	1 038.2
	1996～2007 年年均新增	25.6	0.37	9.5	114.0	0.4	45.6

表 3-46　黄河中游 1996～2007 年梯田减沙量计算结果

项目		坡面产沙量（万 t）	减沙系数	年减沙量（万 t）	1996～2007 年减沙量（万 t）	措施质量分布减沙系数	1996～2007 年实际减沙量（万 t）
黄河中游合计	合计	3 256.6	0.67	2 181.9	26 182.8	0.5	13 091.4
	1996 年累计	3 173.5	0.67	2 126.2	25 515.6	0.5	12 757.8
	1996～2007 年年均新增	83.1	0.67	55.7	667.2	0.5	333.6
河龙区间	小计	675.2	0.67	452.4	5 428.8	0.5	2 714.4
	1996 年累计	666.2	0.67	446.4	5 356.8	0.5	2 678.4
	1996～2007 年年均新增	9.0	0.67	6.0	72.0	0.5	36.0
泾洛渭汾	小计	2 581.4	0.67	1 729.5	20 754.0	0.5	10 377.0
	1996 年累计	2 507.3	0.67	1 679.9	20 158.8	0.5	10 079.4
	1996～2007 年年均新增	74.1	0.67	49.6	595.2	0.5	297.6

表 3-47　黄河中游 1996～2007 年坝地减沙量计算结果

项目	1996～2007 年拦沙量（万 t）	坝地减蚀量（万 t）	1996～2007 年总拦沙量（万 t）	1996～2007 年坝地年均拦沙量（万 t）
黄河中游合计	113 628.8	2 272.6	115 901.4	9 658.5
河龙区间	95 130	1 902.6	97 032.6	8 086.1
泾、洛、渭、汾	18 498.8	370	18 868.8	1 572.4

将以上各项措施计算结果汇总于表 3-48。由表列成果可以看出，黄河中游 1996～2007 年水土保持措施年均减沙量为 4.029 55 亿 t，其中，河龙区间年均减沙 1.901 48 亿 t，泾、洛、渭、汾流域年均减沙 2.128 07 亿 t。在各项措施的减沙中，人工林减沙 1.387 02 亿 t，其中河龙区间减沙 0.687 36 亿 t，泾洛渭汾减沙 0.699 66 亿 t；梯田减沙 1.309 14 亿 t，其中河龙区间减沙 0.271 44 亿 t，泾洛渭汾减沙 1.037 70 亿 t；坝地减沙 0.965 85 亿 t，其中河龙区间减沙 0.808 61 亿 t，泾洛渭汾减沙 0.157 24 亿 t。

表 3-48　黄河中游 1996～2007 年水土保持减沙量汇总结果　　（单位：万 t）

项目	人工林	人工草	封禁	梯田	坝地	总计
黄河中游合计	13 870.2	2 143.7	1 531.7	13 091.4	9 658.5	40 295.5
河龙区间	6 873.6	892.8	447.9	2 714.4	8 086.1	19 014.8
泾洛渭汾	6 996.6	1 250.9	1 083.8	10 377.0	1 572.4	21 280.7

3.3.3　小结

水土保持减沙效益评估的关键技术是水土保持措施数量、质量、分布的正确获取和水土保持减沙效益评价方法的确定。本节水土保持减沙效益评估在关键技术方面取得了一定新进展：一是水土保持措施数量比较准确，本次计算采用的水土保持数量是本次调查采用地面调查和遥感调查相结合的方法，获得了比较准确的水土保持措施数量；二是计算方法比较科学。在全面总结分析水土保持单项措施减沙作用的基础上，根据评价期水土保持措施调查的实际情况，提出了改进的水土保持减沙效益评价方法，增加了措施数量、质量、分布对减沙影响系数，提高了计算精度，增加了计算成果的可信度。在此基础上提出了各项水土保持措施减沙的定量成果以及各项水土保持措施的减沙贡献率；并论证了其合理性和可信性。计算结果表明，人工林、人工草、封禁等植被建设减沙量占总减沙量的43.5%，其中人工林占 34.4%，梯田减沙量占 32.5%，坝地减沙量仅占 24.0%，说明减沙措施结构发生了很大变化，林草等植被建设减沙贡献率明显增加；从减沙地区分布来看，泾、洛、渭、汾流域减沙占总减沙量的 52.8%，河龙区间占 47.2%，说明泾、洛、渭、汾流域减沙量超过河龙区间减沙量，并论证了泾、洛、渭、汾流域坡面治理减沙作用增大与河龙区间坝地减沙减小等原因。

水土保持措施效益评价影响因素十分复杂，目前的成果仅是阶段性的，评价方法还不够完善，需要进一步深入研究。

参 考 文 献

[1] 李敏. 黄委三站在模型黄土高原建设中的作用与地位[EB/OL]. 中国水土保持生态建设网,2007-07-23.

[2] 汪岗,范昭. 黄河水沙变化研究[M]. 郑州:黄河水利出版社,2002.

[3] 叶青超. 黄河流域环境演变与水沙运行规律研究[M]. 济南:山东科技出版社,1995.

[4] 张胜利,李倬,赵文林,等. 黄河中游多沙粗沙区水沙变化原因及发展趋势[M]. 郑州:黄河水利出版社,1998.

[5] 张胜利,赵业安. 黄河中上游水土保持及支流治理减沙效益初步分析[J]. 人民黄河,1986,8(1).

[6] 姚文艺. 黄河流域水沙变化研究新进展[EB/OL]. 黄河网,2009-09-24.

[7] 高旭彪,刘斌,李宏伟,等. 黄河中游降水特点及其对入黄泥沙的影响[J]. 人民黄河,2008,30(7),

27-29.

［8］李文家. 黄河泥沙减少原因和今后泥沙状况分析［N］. 黄河报,2009-11-10.

［9］张胜利,于一鸣,姚文艺,等. 水土保持减水减沙效益计算方法［M］. 北京:中国环境科学出版社, 1994.

［10］金争平,史培军,侯福昌,等. 黄河皇甫川流域土壤侵蚀系统模型和治理模式［M］. 北京:气象出版社,1992.

［11］罗杰斯,舒姆. 稀疏植被覆盖度对侵蚀和产沙的影响［J］. 中国水土保持,1992(4).

［12］冉大川,刘斌,王宏,等. 黄河中游典型支流水土保持措施减洪减沙作用研究［M］. 郑州:黄河水利出版社,2006.

［13］熊贵枢,张胜利. 大理河减水减沙效益初步分析［J］. 人民黄河,1983(1).

［14］Liang Qichun,Wei Tao,Liu Hanhu. Developing the ecological self – rehabilitation capability and speeding up the control and harnessing of soil and water loss in the upper and middle reaches of the Yellow River. Proceedings of the 3rd international Yellow River Forum on sustainable water resources management and delta ecosystem maintenance［J］. Volume Ⅲ. The Yellow River Conservancy Publishing House,2007 (10):158-167.

［15］唐克丽,熊贵枢. 黄河流域的侵蚀与径流泥沙变化［M］. 北京:中国科学技术出版社,1993.

［16］陈江南,王云璋,徐建华,等. 黄土高原水土保持对水资源和泥沙影响评价方法研究［M］. 郑州:黄河水利出版社,2004.

［17］康玲玲,王云璋,陈江南,等. 水土保持坡面措施蓄水拦沙指标体系的回顾与评价［J］. 中国水土保持科学,2004(1).

［18］王金花,张胜利. 皇甫川流域近期水土保持减沙效益分析［J］. 中国水土保持,2011(3).

［19］姚文艺,徐建华,冉大川,等. 黄河流域水沙变化情势分析与评价［M］. 郑州:黄河水利出版社,2011.

［20］张胜利,康玲玲,魏义长,等. 黄河中游人类活动对径流泥沙影响研究［M］. 郑州:黄河水利出版社,2010.

［21］熊运阜. 梯田、林地、草地减水减沙效益指标初探［J］. 中国水土保持,1996(8).

第4章　黄河中游重点支流暴雨产流产沙及水土保持减水减沙回顾评价

黄河中游自然地理环境非常复杂,南北地域差异较大,故选取分别位于河龙区间上、中、下段的皇甫川、窟野河、三川河、无定河、清涧河等主要支流,将其作为一个系统,在辨析流域自然环境特征和水土保持治理概况情况下,回顾评价暴雨产流产沙及水土保持减水减沙作用。

4.1　皇甫川流域暴雨洪水产流产沙及水土保持减水减沙回顾评价

4.1.1　皇甫川流域自然环境特征与水土保持治理概况

4.1.1.1　皇甫川流域自然环境特征

皇甫川流域位于黄河中游河口镇至龙门区间上段,发源于内蒙古自治区达拉特旗南部敖包梁和准格尔旗西北部点畔沟,流经准格尔旗的纳林、沙镇至陕西省府谷县巴兔坪汇入黄河,干流长度 137 km,流域面积 3 246 km²,其中准格尔旗 2 798 km²、达拉特旗 33 km²、府谷县 415 km²,流域内总人口约 10.5 万。据基准期(1954~1969 年)(治理较少的时段)统计资料,流域年均降水量 431.2 mm,年均径流量 2.07 亿 m³,年均输沙量 0.62 亿 t,是黄河主要的多沙粗沙支流之一。

皇甫川流域水系主要由干流和支流长川组成。干流沙圪堵以上(纳林川)河道长 70 km,面积 1 351 km²,是皇甫川中游洪水泥沙来源区;长川河道长 75 km,流域面积 702 km²。该流域按地表物质分布和侵蚀差异划分为三个类型区(见图 4-1):

(1)黄土丘陵沟壑区。主要分布于流域的东部和西南部,面积为 1 627 km²。该区黄土厚 20~30 m,呈现较典型的黄土梁峁和黄土沟谷地貌。区内土壤侵蚀以水蚀为主,水蚀、风蚀和重力侵蚀交错发生。

(2)沙化黄土丘陵沟壑区。主要分布于纳林川与长川之间地区和库布齐沙漠边缘,面积 243 km²。该区地势较为平坦,地形较完整,沟道较浅。表层为黄土,下伏砒砂岩。区内水蚀较轻,风蚀为主要侵蚀方式。

(3)砒砂岩丘陵沟壑区。主要分布于流域的西北部,如干昌板沟、圪秋沟、虎石沟和尔架麻沟,面积 1 379 km²,沟壑密度 7.42 km/km²。该区水土流失极为严重,地形切割十分破碎,坡陡沟深,基岩大面积外露,特别是群众称之为"砒砂岩"的基岩,岩层极易风化、水蚀,遇雨易滑坍,且浸水即粉,水蚀复合重力侵蚀,成为粗颗粒泥沙的重要来源。

4.1.1.2　水土保持治理概况

自 20 世纪 50 年代起,在皇甫川流域开展了水土保持综合治理,治理的主要特点有前期治理速度慢、程度低,后期发展快;以林草措施为主,梯田、淤地坝等工程措施较少。20

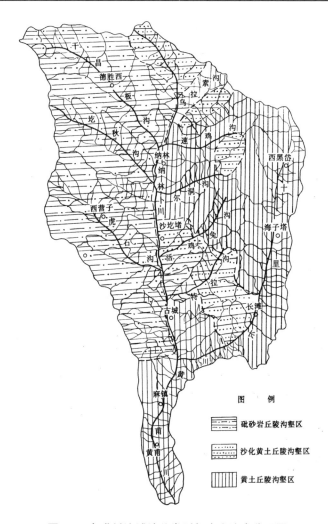

图 4-1　皇甫川流域地貌类型与水土流失分区图

世纪 70 年代前,流域治理度仅为 6.7%,其中林草措施面积比为 86.3%,工程措施面积比为 13.7%。1983 年被列为国家重点治理支流后流域治理速度加快,第一期工程计划治理重点小流域 46 条,1989 年底流域治理度为 17.1%,其中造林和种草面积比分别为 61.9% 和 27.0%,工程措施面积比为 11.1%;1993 年开始实施的第二期工程重点治理了 32 条小流域,1997 年底流域治理度已达 28.2%,其中造林和种草面积比分别为 52.78% 和 35.58%,工程措施面积比为 11.64%(坝地面积比为 1.79%)。随着流域社会经济的快速发展,水土保持生态工程、生态修复、淤地坝"亮点"工程等迅速发展,据黄河水土保持生态环境监测中心调查,截至 2007 年皇甫川皇甫站以上流域治理面积约为 1 854.12 km²,其中梯田 2 459.56 hm²,造林 166 151.34 hm²,种草 9 527.94 hm²,坝地 3 966.94 hm²,封禁 3 306.17 hm²,造林面积最大,占治理总面积的比例种草面积为 89.6%,梯田、坝地等工程措施面积仅为 3.5%。

4.1.2 皇甫川洪水泥沙变化情况

皇甫川洪水泥沙变化的特点是"洪枯变化悬殊,水沙两极分化明显",主要表现在如下几个方面。

4.1.2.1 近期出现大洪水仍较多

从皇甫川历年最大洪峰流量过程(见图4-2)可以看出,近期出现大洪峰流量较多,如1972年洪峰流量8 400 m³/s,1979年洪峰流量5 990 m³/s,1988年和1989年洪峰流量分别为6 790 m³/s和11 600 m³/s,为有实测资料以来的第二和第一大洪水,1992年和1996年又出现了5 500 m³/s和5 110 m³/s的洪峰,2003年出现6 500 m³/s洪峰,2006年发生1 830 m³/s洪水。

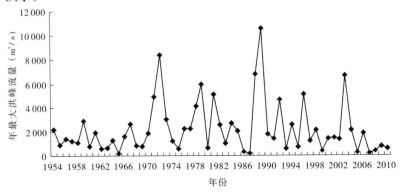

图4-2　皇甫川年最大洪水流量过程

4.1.2.2 遇较大暴雨产流产沙仍较大

统计皇甫川年输沙量超过1亿t的降雨、径流、泥沙(见表4-1),可以看出,近期的1988年,年、汛降雨量除1979年外,均较其他年份为小,但输沙量较1956年大,而汛期含沙量除1956年外,均较其他各年大得多,达484 kg/m³。图4-3为皇甫川1954~2010年输沙量过程线,对照洪水变化过程(见图4-3)可以看出,1988年发生了第二大实测洪水,但输沙量仍比1959年、1967年、1979年要小,说明皇甫川水土保持治理对控制洪水、减沙有一定作用,但不明显,产沙仍较大。

表4-1　皇甫川(皇甫站)年输沙量超过1亿t情况统计

年份	降雨量(mm)		径流量(亿 m³)		输沙量(亿 t)		汛期平均含沙量(kg/m³)
	全年	汛期	全年	汛期	全年	汛期	
1956	519.7	428.2	2.188	1.791	1.030	1.030	575
1959	658.8	580.5	4.456	4.021	1.710	1.700	423
1967	601.1	489.5	3.841	3.485	1.540	1.510	433
1979	398.0	315.4	4.370	3.997	1.470	1.470	368
1988	474.8	371.7	2.640	2.520	1.220	1.220	484

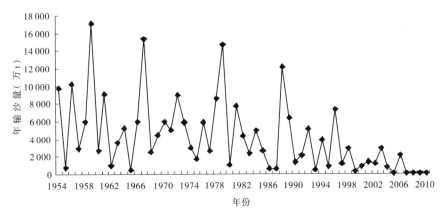

图 4-3　皇甫川年输沙量变化过程

表 4-2 为皇甫川流域 1970 年后 10 次较大洪水特征值,由表列成果可以看出,相应洪水降雨量排第 1、2、3 位的洪水分别是 1988 年、1979 年和 1972 年,而这 3 年相应最大 24 小时洪量分别排位为 1、2、4 位,径流系数排位为 1、3、5 位;洪水输沙量排位为 1、3、2 位。从而可以看出,1988 年降雨产流产沙较大。

表 4-2　1970 年后皇甫川流域较大降雨—洪水—泥沙特征值

洪水发生日期 (年-月-日)	降雨量 (mm)	洪量 (万 m³)	洪峰流量 (m³/s)	输沙量 (万 t)	平均含沙量 (kg/m³)	最大含沙量 (kg/m³)	径流系数
1971-07-23	46.3	3 970	4 950	3 160	796	1 250	0.27
1972-07-19	83.2	9 460	8 400	8 200	867	1 210	0.36
1978-08-07	50.4	4 630	4 120	2 710	585	1 110	0.29
1979-08-10	89.7	12 600	4 960	6 270	497	1 400	0.44
1981-07-21	34.8	2 540	5 120	1 900	748	1 220	0.24
1988-08-05	92.0	14 600	6 790	9 070	621	1 000	0.50
1989-07-21	79.0	9 850	11 600	4 830	490	984	0.39
1992-08-08	60.2	5 330	4 700	2 980	537	1 080	0.28
1996-08-09	39.6	5 890	5 110	3 630	616	1 190	0.46
2003-07-30	67.5	5 170	6 500	1 430	277	517	0.24

4.1.3　皇甫川 1988 年暴雨洪水产流产沙典型分析

1988 年入汛以来,黄河中游地区连降暴雨,干支流发生洪水,特别是 8 月上旬,皇甫川出现 7 000 m³/s 以上洪水,府谷站出现 9 000 m³/s 洪水,龙门站出现 10 200 m³/s 洪水,各地受到不同程度的洪水灾害。

为及时了解情况,研究问题,根据水利部、黄委和防总的指示精神,由黄委水利科学研究所(现黄河水利科学研究院)赵文林、焦恩泽、张胜利和黄委中游治理局(现黄河上中游管理局)王富贵组成联合调查组,自8月下旬至9月下旬对中游多沙粗沙区主要支流的雨情、水情、沙情、灾情及水土保持效益进行了为期1个月的调查。现根据黄委水利科学研究所、黄委黄河中游治理局于1988年10月完成的"1988年汛期洪水黄河中游多沙粗沙区调查报告"回顾评价如下。

4.1.3.1　雨情、水情、沙情

1.雨情

1988年雨情总的特点是降雨量丰沛、雨次频繁、多为暴雨、强度较大。

1)皇甫川流域

皇甫川流域中心位置沙圪堵气象站1月至9月9日,总降雨量522 mm,为多年平均降雨量407 mm的1.3倍,是自1959年以来降雨量的第4位。8月3～5日,全流域普降暴雨,雨量分布均匀,3 d的降雨量均在100 mm以上(见图4-4)。据水文部门雨量站资料,纳林川支流干昌板沟德胜西站8月5日降雨量88 mm,纳林川沙圪堵水文站8月5日降雨量97.5 mm,古城站8月5日降雨量89 mm。据调查,8月5日下午2时左右,忽鸡兔沟白家渠最大降雨强度为60 mm/h。

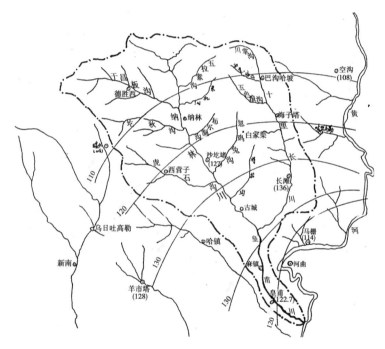

图4-4　皇甫川流域1988年8月3～5日等雨量线图

2)榆林地区

5月至8月15日,各县降雨量为187(定边)～541 mm(神木),地区平均为397.3 mm,为历年同期降雨量226.9 mm的1.75倍。8月以来,特别是8月3～8日,每天都有暴雨,多达16场次。据全区30个水文雨量站统计,8月上旬降雨量有15个站超过70 mm,其中8个站超过100 mm。

3）延安地区

6～8 月降雨量为 315.4（吴起）～534.8 mm（富县），地区平均降雨量 417.7 mm，受灾严重的宜川县，8 月 13 日晚至 14 日晨，10 h 降雨量集义镇为 175 mm，寿丰乡为 150 mm；7 月 23 日 1 时 20 分至 4 时 30 分，富县牛武、茶坊等 3 h 10 min 降雨量为 89.8 mm；7 月 15 日 8 时，志丹县保安、周河、双河等乡镇，40 min 降雨量为 58 mm。

2. 水情

黄河府谷站 8 月 5 日 9 时 30 分和 22 时出现两次洪水，这两次洪水主要来自皇甫川，有关皇甫川和其他主要支流洪水情况见表 4-3。

表 4-3　1988 年 8 月 5 日洪水最大流量调查

时间			纳林川				十里长川	皇甫川	黄河	孤山川	窟野河
日	时	分	沙圪堵	忽鸡兔沟	特拉沟	虎石沟	长滩	皇甫	府谷	高石崖	神木
5	2	30	2 490 (541)								
	5	左右				6 000 (推算)					
	6							7 190 (693)			
	7									1 910 (506)	3 240
	8	30							9 270 (717)		
	16	24	2 320 (969)	3 000 (推算)	570 (推算)						
	17	30				5 000 (推算)	620 (1 000)				
	18	24						3 890 (682)			
	20									3 250 (471)	
	21								7 230 (540)		

注：1. 除注明推算值外，均为水文站提供的实测最大流量；

　　2. 括号内为相应含沙量，kg/m³。

从表列成果可以看出，黄河府谷水文站第一次洪水 9 270 m³/s，皇甫水文站实测最大流量为 7 190 m³/s，说明洪水主要来自皇甫川；黄河府谷水文站第一次洪水 7 230 m³/s，主要是纳林川沙圪堵第二次洪峰及忽鸡兔沟两座大型淤地坝失事造成的。此外，虎石沟、特拉沟等二级支流也加入部分水量。

除皇甫川发生较大洪峰流量外，孤山川、窟野河也发生了较大洪水，致使吴堡站发生 8 900 m³/s 洪水，龙门站出现 10 200 m³/s 洪水。

3. 沙情

黄河干流府谷站 8 月 5 日出现洪峰流量 9 270 m³/s,相应含沙量 717 kg/m³,龙门水文站也出现最大含沙量 530 kg/m³,黄河中游多沙粗沙区支流均出现了较高含沙量(见表 4-4),皇甫川皇甫水文站 6 月 26 日出现 1 370 kg/m³ 含沙量,8 月 5 日含沙量也达 1 000 kg/m³;窟野河王道恒塔水文站 7 月 13 日出现 1 630 kg/m³ 含沙量,这是该站有实测资料以来罕见的,其他支流最大含沙量也接近 1 000 kg/m³。值得指出的是,窟野河神木水文站曾出现洪水流量不大、水位却急剧上升的所谓"浆河"现象。究其原因主要是去年修建神(木)榆(林)公路时,大量弃土弃石推入支沟西沟,该年西沟出现较大洪水,沙石俱下,致使神木水文站出现水位流量关系反常现象。

表 4-4　1988 年多沙粗沙支流实测最大含沙量统计

河名(站名)	日期 (月-日)	实测最大含沙量 (kg/m³)	相应流量 (m³/s)
皇甫川(皇甫)	06-26	1 370	992
	07-17	1 180	511
	08-05	1 000	3 400
孤山川(高石崖)	06-28	1 060	98.7
	07-13	886	127
	08-05	717	500
窟野河(温家川)	06-25	1 240	134
	07-13	954	1 300
	08-05	776	330
窟野河(王道恒塔)	07-13	1 630	1 850
秃尾河(高家川)	06-25	974	168
	07-13	1 000	580
	08-05	1 000	320

4.1.3.2　皇甫川相近降雨量情况下泥沙变化情况

表 4-5 列出了与 1988 年汛期降雨量相近的其他年份的水沙资料,可以看出:

(1)1988 年输沙量小于 1979 年,这是由于 1979 年 8 月 11～13 三日降雨量 251.8 mm,比 1988 年 8 月 3～5 日三日降雨量 127 mm 偏大近一倍。

(2)1988 年汛期径流量、输沙量分别是 1979 年以外其他年份同期的 1.7～2.1 倍和 2.0～2.6 倍,径流量和输沙量明显偏多,沙量偏多的程度更甚于水量。

(3)1988 年汛期平均含沙量比较高,自 1954～1988 年的 35 年中,1988 年汛期名列第五位,比降雨量相同的其他年份都大。

表 4-5　汛期降雨量相近情况下皇甫站水沙统计

年份	降雨量(mm)		径流量(亿 m³)		输沙量(亿 t)		汛期平均含沙量(kg/m³)
	全年	汛期	全年	汛期	全年	汛期	
1958	497.8	399.3	1.794	1.488	0.604	0.598	402
1964	589.7	400.4	1.886	1.250	0.525	0.465	372
1970	472.3	396.3	4.370	3.997	1.470	1.470	368
1984	474.6	404.4	1.630	1.410	0.496	0.479	340
1988	483.0	404.0	2.656	2.576	1.209	1.207	469

4.1.3.3　泥沙增多的原因分析

(1)前几年连续干旱,土质疏松;砒砂石在干旱情况下崩塌、泻溜等重力侵蚀加剧;流域存在大量风积物。这些都为产沙提供了物质来源。

(2)开矿、修路、开荒、建窑、过度放牧等人类活动加剧,大量弃土、弃石堆积于河道或沟岸边或直接推入河(沟)道,人为加速侵蚀严重,是洪水产沙增多的重要原因。

(3)前几年降雨偏枯,河水流量小,加之粗颗粒泥沙难以被挟带,一些河道或沟道发生淤积,遭遇较大洪水,河床发生冲刷,致使产沙量增加。

(4)垮坝增沙。据调查,各地均有不同程度的垮坝,增加一部分来沙量。水毁严重的准格尔旗忽鸡兔沟白家渠大型淤地坝,坝高 27 m,总库容 2 000 多万 m³,至 1982 年底已淤泥沙 1 500 万 m³,1988 年水毁时,坝体冲毁 2/3,坝地冲走近 1/5;榆林地区吴堡县辛家沟乡景家沟水库,坝高 33.5 m,库容 118 万 m³,已淤泥沙 70 多万 m³,水毁时仅将坝体冲开一个缺口,冲失泥沙约占原淤积泥沙的 10% 左右;榆林地区靖边县陈羊圈水库,坝高 21 m,库容 414 万 m³,已淤积泥沙 374 万 m³,水毁冲走 32.9 万 m³,约占总淤积泥沙的 8.8%。概言之,1988 年垮坝冲失增沙 10% ~20%。

4.1.3.4　降雨—洪水—泥沙关系变化分析

1. 降雨—洪水关系分析

在特定的区域和一定的降雨条件下,洪水特征主要取决于下垫面条件。黄河中游主要支流受人类活动影响,20 世纪 70 年代以来实施的大量水利水保措施,使流域下垫面发生了比较明显的变化,这种变化必将影响降雨—洪水关系,通过治理前后降雨—洪水关系对比分析,可探讨洪水变化的原因。

皇甫川流域多短历时、高强度暴雨,因此点绘流域平均最大 1 日降雨量与流域最大洪峰流量关系,用以分析治理前后洪水变化。图 4-5 为皇甫川流域最大 1 日降雨量—最大洪峰流量关系,总体来看,产洪量随降雨量的增大而增大,但从各年代降雨—洪水关系来看,在相同降雨量条件下治理后的点据较治理前(1954 ~1969 年)的点据还大,说明现有治理措施对洪水影响不是很大。

2. 相似降雨条件下治理前后产洪、产沙分析

表 4-6 为皇甫川流域治理初期 1980 ~1984 年治理前后相似降雨(指降雨量和降雨历

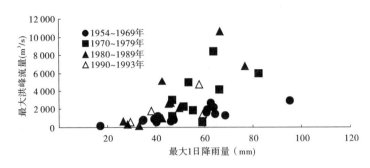

图 4-5　皇甫川流域最大 1 日降雨量与洪峰流量关系

时基本相同)条件下,次洪水洪峰流量和洪水总量的比较。可以看出,在皇甫川流域治理初期,削峰作用并不大,甚至有些年份次洪水洪峰流量和洪量反而增大。

表 4-6　皇甫川流域治理初期洪水特征值变化

年份	洪水对比组数	降雨总量(mm)		降雨总历时(h)		平均洪峰流量(m^3/s)		平均洪量(万 m^3)	
		治理前	治理后	治理前	治理后	治理前	治理后	治理前	治理后
1980	4	55.5	55.2	29.12	29.50	397.8	397.3	454.8	382.8
1981	8	108.6	108.5	29.56	33.20	397.0	1 394.5	642.4	990.3
1982	5	86.3	87.1	17.78	16.41	635.8	928.6	1 423.0	1 144.0
1983	4	43.7	41.2	27.67	28.69	399.3	355.0	725.8	502.3
1984	5	127.4	125.5	18.85	18.45	748.4	985.8	1 672.4	1 180.0

注:据姚文艺分析资料。

表 4-7 为皇甫川流域近期治理前后 2 日降雨总量相近、降雨空间分布大致相似条件下洪峰流量和洪量变化特征,从表中可以看出,治理后代表次洪水的洪峰流量和洪量有所减少,但不大,总的来看变化不显著,而且表现出当日降雨量越大,洪峰流量和洪量越大的特点(如 1994 年)。另外,有些对比年份,即使当日降雨量基本相同,治理后的洪峰流量甚至比治理前还大,如治理后的 1989 年 7 月的一场日降雨量 72.6 mm 的暴雨,出现了 11 600 m^3/s 的有实测资料以来的最大洪水,而治理前的 1979 年 8 月的一场当日降雨量为 71.2 mm 的暴雨,两次洪水降雨量基本相同,但后者洪峰流量仅为前者的 50%。由此可见,皇甫川流域治理的削峰作用是有限的,尤其是在高强度暴雨条件下,水利水保措施基本上不起滞洪作用,产流状况仍主要取决于暴雨。

表 4-7　皇甫川流域降雨量相近条件下治理前后洪水特征值变化

时间(年-月-日)	洪峰流量(m^3/s)	洪水径流量(万 m^3)	降雨量(mm)		
			前日	当日	2 日之和
1961-07-22	1 730	5 305.69	10.9	43.2	54.1
1970-08-02	1 550	5 346.45	53.5	1.0	54.5
1983-08-04	1 010	1 411.58	34.2	19.4	53.6
1994-08-04	1 320	5 478.61	28.8	26.4	55.2

注:据姚文艺分析资料。

4.1.4　皇甫川流域近期水土保持减沙作用分析评价

4.1.4.1　水文分析法

水文分析法简称水文法,是利用水文泥沙观测资料分析水土保持减水减沙效益的一种方法。河流的含沙量受流域降雨和下垫面条件影响,它们之间具有统计相关关系。一个流域,如果下垫面条件不变,在一定的降雨条件下产生的沙量基本是一定的;而如果下垫面条件发生了变化,在同样的降雨条件下产生的沙量就可能会不同。根据上述原理,利用治理前实测的水文资料,通过多元回归分析,建立降雨、径流、泥沙关系式——水文经验模型;将治理后的降雨资料代入关系式,求得在未治理情况下可能产生的沙量,即所谓天然产沙量;再将天然产沙量与治理后实测的沙量进行比较,其差值即为经过治理减少的沙量。

1. 计算方法

本次计算所采用的降雨产沙模型为水利部黄河水沙变化研究基金课题的研究成果。皇甫川流域基准期降雨产沙模型为

$$W_s = 0.062\ 1P_{7d}^{2.174} \qquad (r = 0.94) \tag{4-1}$$

式中:W_s 为年洪水输沙量,万 t;P_{7d} 为 1 年内不连续的最大 7 日降雨量之和,mm。

2. 计算结果

根据皇甫川流域皇甫站、海子塔站、古城站、长滩站、刘家塔站、沙圪堵站、乌兰沟站等 7 站 1997～2006 年逐日降水量资料求得降雨数据和皇甫川流域把口站皇甫(三)站 1997～2006 年逐日输沙率资料求得输沙量数据以及皇甫(三)站 1997～2006 年逐日流量资料求得径流量数据,利用式(4-1)计算皇甫川流域近期(1997～2006 年)水土保持措施的减沙效益,结果见表 4-8。

表 4-8　皇甫川流域近期(1997～2006 年)水土保持措施的减沙效益

年份	P_{7d}(mm)	沙量			
		实测值(万 t)	计算值(万 t)	减沙量(万 t)	减沙效益(%)
1997	161.5	1 120	3 923	2 802	71.4
1998	177.6	2 904	4 824	1 918	39.8
1999	126.4	275	2 303	2 028	88.1
2000	105.5	904	1 555	652	41.9
2001	185.3	1 345	5 290	3 944	74.6
2002	164.5	1 149	4 084	2 932	71.8
2003	201.1	2 901	6 320	3 419	54.1
2004	177.7	729	4 830	4 101	84.9
2005	153.0	129	3 488	3 361	96.3
2006	186.8	2 149	5 384	3 235	60.1
平均	163.9	1 361	4 200	2 839	67.6

为分析降雨量变化和人类活动对减沙效益的影响,将 1997～2006 年计算成果与其他时段进行比较,结果列于表4-9。由表4-9可知:1997～2006 年年均总减沙量为 5 078 万 t,其中人类活动年均减沙量为 2839 万 t,占年均总减沙量的 55.9%,减沙效益 67.6%;降雨量变化年均减沙量为 2 239 万 t,占年均总减沙量的 44.1%。

表4-9　皇甫川流域年均减沙效益水文分析法计算结果

时段	实测值（万 t/a）	计算值（万 t/a）	总减沙量（万 t/a）	人类活动影响			降雨量变化影响	
				减沙量（万 t/a）	减沙效益（%）	占年均总减沙量比例（%）	减沙量（万 t/a）	占年均总减沙量比例（%）
1969 年前	6 071	6 439						
1970～1979	6 205	6 361	234	156	2.5	66.7	78	33.3
1980～1989	4 241	4 553	2 198	312	6.9	14.2	1 886	85.8
1990～1996	2 967	6 289	3 472	3 322	52.8	95.7	150	4.3
1997～2006	1 361	4 200	5 078	2 839	67.6	55.9	2 239	44.1

注:总减沙量为治理前计算值减评价期实测值;人类活动影响量为评价期计算值减实测值;降雨量变化影响量为治理前计算值减评价期计算值。

3. 水文法计算结果分析评价

采用水文分析法计算得到的皇甫川流域近期(1997～2006 年)水土保持措施减沙量为 2 839 万 t,与前期研究成果相比,结果明显偏大。主要原因是计算中依据流域治理前后降雨产沙关系不变性,也就是假设评价期的降雨产流产沙关系与基准期相同,因此连续枯水期的径流泥沙量估算值偏大,使连续枯水年的水土保持措施减沙作用被高估,从而降低了评价精度。因此,今后应进一步加强水文分析法的研究及改进,在目前水文分析法存在尚难克服的理论缺陷的情况下,对近期(主要指枯水期)水土保持措施减沙效益的计算应以改进的水土保持分析法为主,并且在计算时注意措施质量、分布对减沙作用影响方面的研究。

4.1.4.2　水土保持分析法

水土保持分析法简称水保法,常用指标法,即根据各单项水土保持措施减沙指标和措施数量计算减沙量,再逐项相加计算水土保持措施总减沙量。指标法计算水土保持措施减沙量的关键在于减沙指标的确定和措施面积的核实。

1. 计算方法

1)坡面措施减沙量计算

坡面措施减沙量按下式计算:

$$\Delta W_s = \sum_{i=1}^{n} M_s \eta_{si} f_i \tag{4-2}$$

式中:ΔW_s 为坡面措施减沙量,t;M_s 为流域天然产沙模数,t/hm²;η_{si} 为坡面单项措施相对减沙指标;f_i 为坡面单项措施面积,hm²;i 为措施种类;n 为措施总数。

2)淤地坝减沙量计算

淤地坝减沙量包括淤地坝的拦泥量、减轻沟蚀量以及由于坝地滞洪及流速减小对淤地坝下游沟道冲刷的减少量。目前,拦泥量、减轻沟蚀量可以通过一定的方法进行计算,而削峰滞洪对淤地坝下游沟道冲刷的影响量还难以计算,因此本书仅计算前两部分。

皇甫川流域淤地坝拦泥量分成两部分,一部分是截至 2006 年已淤成坝地的拦泥量,采用下式计算:

$$W_{\text{sl1}} = FM_{\text{s}}(1 - \alpha_1)(1 - \alpha_2) \tag{4-3}$$

式中:W_{sl1} 为截至 2006 年已淤成坝地的拦泥量,万 t;F 为截至 2006 年坝地累积面积,hm^2;M_{s} 为拦泥指标,即单位坝地面积的拦泥量,万 t/hm^2;α_1 为人工填垫及坝地两岸坍塌所形成的坝地面积占坝地总面积的比例,取 $\alpha_1 = 0.15$;α_2 为推移质系数,取 $\alpha_2 = 0.1$。

对于皇甫川流域,淤地坝拦泥指标 M_{s} 为 8.04 万 t/hm^2,洪沙比 K 为 2.33。

另一部分是截至 2006 年未淤成坝地的拦泥量。由于缺乏这部分拦泥量的实测资料,无法直接进行计算,但它在淤地坝总拦泥量中的确占有一定的比例,因此考虑到黄河中游黄土丘陵沟壑区第一副区淤地坝的拦沙年限一般在 13 年左右,分析历年坝地累积面积的变化趋势,将截至 2006 年仍在拦洪的淤地坝进行"淤成"预测,求出未淤成坝地部分的拦泥量,计算公式为

$$W_{\text{sl2}} = 1/13 \left(\sum_{i=1}^{12} f_i - 12F \right) M_{\text{s}}(1 - \alpha_1)(1 - \alpha_2) \tag{4-4}$$

式中:W_{sl2} 为截至 2006 年未淤成坝地部分的拦泥量,万 t;f_i 为预测 2006 年后第 i 年"淤成"的坝地面积,hm^2;其余符号意义同上。

淤地坝拦泥量的计算公式为

$$W_{\text{sl}} = W_{\text{sl1}} + W_{\text{sl2}} \tag{4-5}$$

式中:W_{sl} 为截至 2006 年淤地坝拦泥量,万 t;其余符号意义同上。

各年淤地坝拦泥量的多少除与淤地坝数量(库容)有关外,还与坡面来沙量有关。因此,分别按同期坝地增长面积占累积面积的比例和流域年输沙量占总输沙量的比例分配各年拦沙量,取上述两次分配值的平均值作为各年拦泥量。淤地坝减蚀量一般与沟壑密度、沟道比降及沟谷侵蚀模数等因素有关,包括坝内泥沙淤积物覆盖的原沟谷侵蚀部分及淤泥面以上沟道侵蚀的减少部分,其中后一部分的数量较难确定,通常是在计算前一部分的基础上乘以一个扩大系数。减蚀量的计算公式为

$$\Delta W_{\text{si}} = F_i M_{\text{si}} K_1 K_2 \tag{4-6}$$

式中:ΔW_{si} 为计算年淤地坝减蚀量,万 t;F_i 为计算年所有淤地坝的面积,包括已淤成及正在淤积但尚未淤满部分的水面面积,hm^2;M_{si} 为计算年流域的侵蚀模数,t/km^2;K_1 为沟谷侵蚀量与流域平均侵蚀量之比,参照山西省水土保持研究所在离石王家沟流域的多年观测资料,取 $K_1 = 1.75$;K_2 为坝地以上沟谷侵蚀的影响系数。

还有一部分坝地修建在沟道比较平缓、沟床停止下切、沟坡比较稳固、沟谷侵蚀已达到相对稳定的流域内,淤地坝建成后已基本无减蚀作用,在计算减蚀量时应扣除这一部分。目前这一部分确实存在,但又没有好的办法分割,因此在计算时假设未淤成坝地的这一部分拦泥量和对坝地以上沟谷侵蚀的减少量相互抵消,则式(4-6)简化为

$$\Delta W_{\text{si}} = 1.75 F_i M_{\text{si}} \tag{4-7}$$

综上,淤地坝的减沙总量为淤地坝拦泥量与减蚀量两部分之和,其计算公式为

$$\Delta W_{s总} = \Delta W_{sl} + \Delta W_{si} \tag{4-8}$$

式中:$\Delta W_{s总}$为淤地坝的减沙总量;其余符号意义同上。

水土保持措施资料采用国家"十一五"科技支撑计划"黄河流域水沙情势评价研究"第二专题(2006BAB06B01 – 02)中的核查资料,其中表4-10为1997~2006年皇甫水文站控制站内各项水土保持措施面积,表4-11为各项水土保持措施的减水、减沙指标。

表4-10　1997~2006年皇甫水文站控制站内水土保持措施面积　　　（单位:hm²）

年份	水土保持措施面积				
	梯田	坝地	林地	种草	合计
1997	1 586	1 066	66 261	38 852	107 765
1998	1 595	1 022	64 389	31 528	98 534
1999	1 816	1 043	73 203	33 724	109 786
2000	1 933	1 142	80 644	34 963	118 682
2001	2 062	1 161	88 741	36 788	128 752
2002	2 185	1 181	97 192	38 546	139 104
2003	2 291	1 281	105 100	39 962	148 634
2004	2 324	1 362	112 572	41 299	157 557
2005	2 417	1 447	120 602	42 781	167 247
2006	2 491	1 552	128 587	43 873	176 503

表4-11　皇甫川流域水土保持措施减水减沙指标

项目	水平年	水土保持措施			
		梯田	林地	草地	坝地
减水指标 （m³/hm²）	丰水年	489.0	396.0	301.5	489.0
	平水年	295.5	247.5	210.0	295.5
	枯水年	66.0	64.5	61.5	66.0
减沙指标 （t/hm²）	丰水年	88.5	79.5	66.0	150
	平水年	67.5	63.0	57.0	120
	枯水年	31.5	28.5	25.5	60

2. 计算结果

根据水土保持分析法的计算方法和计算参数,计算结果见表4-12。由表列成果可知,1997~2006年皇甫川流域水土保持措施年均减沙量为657.9万t。

表 4-12　皇甫川流域水土保持措施年均减沙效益水土保持分析法计算结果

时段	降雨量（mm）	年均减沙量（万 t/a）				
		梯田	林地	草地	坝地	合计
1956～1969 年	430.0	5.4	60.0	3.0	47.1	115.5
1970～1979 年	372.0	21.2	211.0	14.7	189.2	436.1
1980～1989 年	343.0	19.9	388.0	26.5	580.1	1 014.5
1990～1996 年	414.2	29.2	468.2	38.5	969.8	1 505.7
1997～2006 年	326.0	12.1	467.7	165.7	12.4	657.9

3."水保法"减沙效益计算结果分析评价

关于皇甫川流域水土保持措施的减水减沙作用,黄河水沙变化研究基金(一、二期)、水保基金、"八五"攻关等都进行了大量研究,研究成果见表 4-13。由表列成果可知,尽管采用的计算方法、措施数量和减水、减沙模数不尽相同,但是得到的 20 世纪七八十年代的年均减沙量均小于 1 000 万 t。1999 年黄河水利科学研究院于一鸣等在为黄河流域(片)防洪规划进行的"黄河中游水土保持减沙作用分析"时,通过研究计算方法和核实基本资料,计算了皇甫川流域水土保持措施的减水减沙效益,结果表明 20 世纪 90 年代皇甫川流域年均减沙量为 784 万 t,占天然输沙量的 22.0%。

表 4-13　皇甫川流域水土保持措施减水减沙效益计算成果

资料来源	20 世纪 70 年代				20 世纪 80 年代			
	年均减水量（万 m³/a）		年均减沙量（万 t/a）		年均减水量（万 m³/a）		年均减沙量（万 t/a）	
	水文法	水保法	水文法	水保法	水文法	水保法	水文法	水保法
水保基金	1 546	1 800	436	617	534	2 155	210	787
水沙基金	4 882	1 132	444	173	4 663	3 299	702	864
八五攻关	1 600	1 587	226	478	1 900	1 914	272	639

采用水土保持分析法计算的皇甫川流域 1997～2006 年年均减沙量为 657.9 万 t,与前期研究成果数据比较接近,说明水土保持分析法的计算结果比较合理。同时,从减沙量数据可以看出,皇甫川流域水土保持措施的减沙效益仍比较少,为提高减沙效益加强治沟拦沙工程建设是十分必要的。

4.2　窟野河暴雨产流产沙及水土保持减水减沙回顾评价

4.2.1　窟野河流域自然环境特征及治理概况

4.2.1.1　自然环境特征

窟野河是黄河河口镇至龙门区间右岸的一条多沙粗沙支流,发源于内蒙古鄂尔多斯市柴登乡,自西北向东南流经内蒙古鄂尔多斯市、伊金霍洛旗、准格尔旗和陕西省神木县、府谷县等5个县(旗、市)的40多个乡(镇),于神木县沙峁头注入黄河,全长241.8 km,流域面积8 706 km²,其中内蒙古境内流域面积4 658 km²,陕西省境内流域面积4 048 km²。

该流域地处毛乌素沙地、鄂尔多斯台地与黄土丘陵三大地貌类型的交错过渡地带,具有黄土丘陵、沙质丘陵、砾质丘陵三大地貌类型交错过渡的地貌特征。乌兰木伦河在转龙湾以上分东、西乌兰木伦河,东乌兰木伦河上游属砾质砒砂岩丘陵区,中、下游属盖沙及风沙丘陵区;西乌兰木伦河全属沙化丘陵及风沙滩区。从转龙湾至王道恒塔的区域为沙质丘陵区。牸牛川中上游属砾质丘陵区,在新庙以上85%的面积为砾质丘陵区,15%的面积为沙化丘陵;在新庙以下,包括板兔川右侧的牸牛川均属黄土丘陵区。从碾房峁至窟野河河口系黄土丘陵区。根据以上地貌特征,窟野河可分为三个地貌类型区,即黄土丘陵区、沙质丘陵区、砾质丘陵区,暴雨多、洪水大,泥沙多、颗粒粗,风沙、基岩、黄土产沙都比较多为其主要自然环境特征(见图4-6)。各区水土流失情况列于表4-14。

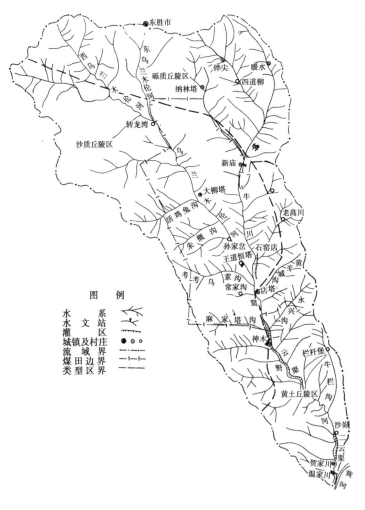

图4-6 窟野河流域地貌类型分区

表4-14　窟野河流域各地貌类型区水土流失情况

项目	总面积（km²）	流失面积（km²）	年输沙量（万t）	年侵蚀模数（t/km²）	地表物质组成	侵蚀强度级别	水土流失特点及主要治理措施
全流域	8 706.00	8 744.47	1.16	5 000~40 000	黄土砂砾石	强度侵蚀极强度侵蚀剧烈侵蚀	水蚀、风蚀、沟蚀、面蚀严重,植物、工程措施结合
黄土丘陵区	1 817.10	1 762.59	0.54	15 000~40 000	黄土	剧烈侵蚀	水蚀、重力侵蚀严重,风蚀次之,水蚀中沟蚀、面蚀显著,工程措施较多
沙质丘陵区	4 413.21	4 129.97	0.45	10 000~25 000	沙黄土	极强度侵蚀剧烈侵蚀	风蚀严重,水蚀次之,坡面产沙量多于沟道;造林、种草,水地面积大
砾质丘陵区	2 475.69	2 351.91	0.17	10 000~15 000	砾屑	强度侵蚀极强度侵蚀	沟蚀严重,面蚀次之,水蚀、风蚀均较严重,造林、种草,水地面积较大

4.2.1.2　治理概况

该流域为黄河中游侵蚀产沙最严重地区之一,自然条件严酷,人类活动频繁,神府东胜煤田开发建设带来的人为新增水土流失加大了治理难度。截至1989年底,该流域有中型水库1座,小(1)型水库8座,总库容4 501万 m³,治沟骨干工程65座,总库容9 422.4万 m³,淤地坝737座,总库容7 835万 m³,坝库合计总库容21 758.4万 m³,治理程度仅为17.4%,治理程度相对较低。近十几年来,水土保持治理速度加快,煤田开发建设步入运行阶段,环境保护得到加强,黄河水土保持生态环境监测中心采用地面调查和遥感调查相结合的方法,截至2007年,流域内修建梯田9 809.15 hm²,林地200 262.43 hm²,草地42 191.67 hm²,坝地4 314.02 hm²,封禁治理44 209.78 hm²,治理程度达30%。

4.2.2　暴雨产流产沙分析评价

4.2.2.1　年水沙变化情况

表4-15为窟野河各年代径流、泥沙变化情况,可以看出,20世纪70年代径流、泥沙变化相对不大,八九十年代径流减少40%左右,泥沙减少近50%。2000~2010年径流减少78%以上,泥沙减少96%以上,说明径流、泥沙发生了巨大变化,这种变化在窟野河有实测资料以来是没有的。图4-7、图4-8为年径流、泥沙变化过程。

表 4-15　窟野河各年代径流、泥沙变化

年代	年均径流量（亿 m³）	年均输沙量（亿 t）	各年代增（＋）减（－）比例（%）	
			径流	泥沙
1954～1969	7.685	1.248		
1970～1979	7.226	1.399	－6.0	＋12.1
1980～1989	4.707	0.671	－38.8	－46.2
1990～1999	4.483	0.644	－41.7	－48.4
2000～2010	1.645	0.045	－78.6	－96.4

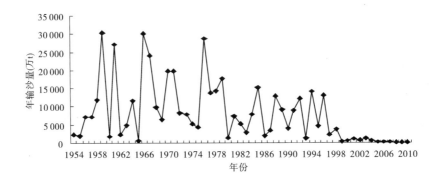

图 4-7　窟野河年输沙量变化过程

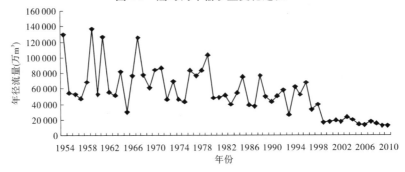

图 4-8　窟野河年径流量变化过程

4.2.2.2　暴雨产流产沙情况

窟野河流域是常见的暴雨中心,也是黄河洪水和多沙粗沙来源区,回顾窟野河以往水文泥沙观测资料,窟野河经常发生暴雨洪水,图 4-9 为窟野河历年最大洪水流量过程,可以看出,1959 年、1971 年、1976 年、1978 年、1992 年、1996 年都发生了 10 000 m³/s 以上洪水,20 世纪 70 年代洪水最大,80 年代后期到 90 年代仍有较大洪水,如 1971 年 7 月 25 日杨家坪雨量站最大 6 h 暴雨量 205.5 mm,最大 24 h 暴雨量达 408.7 mm,洪峰流量达 13 500 m³/s,年产沙量 1.98 亿 t,而进入 21 世纪的 2000～2010 年连续 11 年几乎没有洪水,径流泥沙自然减少。研究表明,20 世纪 90 年代以前,窟野河水沙关系较好(见图 4-10),而且水沙主要集中于汛期,特别是为数不多的几次暴雨洪水,从图 4-10 可见,

2000~2010 年水沙几乎集中到"原点",即水沙锐减,对照窟野河历年最大流量过程可以看出,2000~2010 年都没有发生较大洪水,可见暴雨洪水减少是水沙锐减的一个重要原因。

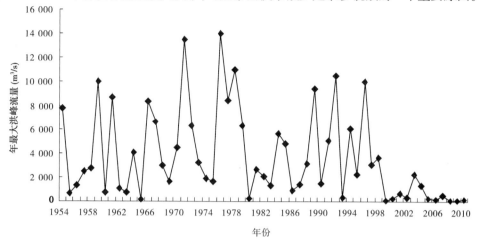

图 4-9　窟野河历年最大洪水流量过程

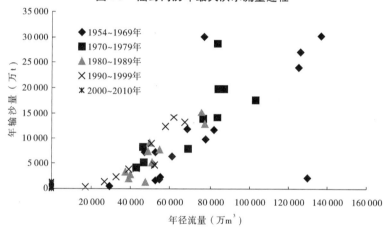

图 4-10　窟野河年径流—泥沙关系

4.2.2.3　暴雨洪水对产流产沙的影响分析

点绘窟野河次洪降雨—产流产沙关系(见图 4-11、图 4-12),可以看出,次洪产洪、产沙量随次洪降雨量的增大而增大,以 1970 年为分界年份,1970 年前视为治理较少时段,1970 年后为治理时段,总体来看,1970 年前后的点据混在一起,没有明显的单向变化趋势,看不出水利水土保持措施对产洪、产沙量有多大影响;但从不同降雨量级来看,当次洪降雨量小于 50 mm 时,治理后的大部点据稍偏于下方,即有一定的拦沙作用,当次洪降雨量大于 50~100 mm 时,治理后的点据有一定的减沙作用,但当次洪降雨量大于 100 mm 后,点据基本上混在一起,治理作用不明显。

1."89·7"暴雨洪水对窟野河流域产流产沙影响分析

1989 年 7 月 21 日,内蒙古自治区鄂尔多斯一带骤降暴雨,致使窟野河流域发生了自 20 世纪 80 年代以来少有的暴雨洪水(简称"89·7"洪水),位于流域内正建设的神府东胜

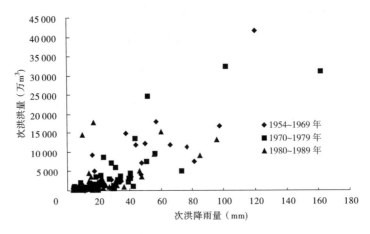

图 4-11 窟野河次洪降雨与产洪关系

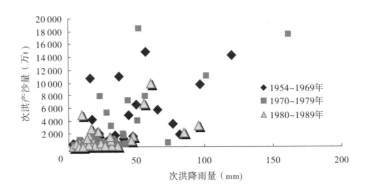

图 4-12 窟野河流域次洪降雨量与次洪产沙量关系

矿区遭受了一场严重的洪水灾害,同时对矿区水土流失和入黄泥沙也带来了严重影响。

2."89·7"暴雨洪水情况

1989 年 7 月中旬末,太平洋暖湿气流越过黄河沿晋陕高原北上,至内蒙古乌拉山受阻,在鄂尔多斯高原上空与翻越阴山南下的蒙古冷气团遭遇,引发暴雨。雨区的中心轴线从东胜至准格尔旗笼罩鄂尔多斯全境,在这个雨区中东西各有一个强暴雨中心,西部以东胜的青达门为中心,雨量为 186 mm,大于 150 mm 的雨区面积约为 380 km²;东部以准格尔旗西北的田圪坦、乌兰沟一带为中心,大于 200 mm 的雨区面积约为 165 km²,尤其值得指出的是,田圪坦历时 15 min 的雨量达 106 mm,创中国北方同历时最高雨量纪录。

受此次暴雨影响,窟野河支流牸牛川、乌兰木伦河先后出现大洪水。牸牛川新庙水文站洪峰流量 8 150 m³/s,为该站 1966 年建站以来的首位;乌兰木伦河王道恒塔水文站洪峰流量 4 600 m³/s,两支流汇合后传递到神木站相应洪峰流量 11 000 m³/s,为该站 1951 年建站以来的第三位洪水;窟野河出口站温家川水文站洪峰流量 9 480 m³/s,为该站 1953 年建站以来的第五位洪水。

3."89·7"暴雨对窟野河产流产沙影响

表 4-16 为窟野河"89·7"洪水径流泥沙与实测最大值统计表,由表列成果可以看出,

表 4-16　窟野河"89·7"洪水径流泥沙与实测最大值统计

站名	面积 (km²)	"89·7"洪水									实测最大				
		洪水特征			洪水过程						洪峰流量 (m³/s)	峰现时间 (年-月-日)	含沙量 (kg/m³)	沙现时间 (年-月-日)	
		最大流量 (m³/s)	峰现时间 (月-日 T 时:分)	最大含沙量 (kg/m³)	沙现时间 (月-日 T 时:分)	起止时间 (月-日 T 时:分)	径流量 (亿 m³)	输沙量 (亿 t)	含沙量 (kg/m³)						
新庙	1 527	8 150	07-21T09:36	458	07-21T09:18	07-21T08:54～16:45	0.76	0.15	197		4 850	1978-08-30	1 410	1976-07-17	
王道恒塔	3 839	4 600	07-21T12:36	1 360	07-21T12:36	07-21T12:12～16:00	0.25	0.29	1 160		9 760	1976-08-02	1 630	1988-07-13	
神木	7 293	11 000	07-21T13:00	1 290	07-21T12:48	07-21T12:30～20:00	0.95	0.56	589		13 800	1976-08-02	1 530	1982-06-25	
温家川	8 685	9 480	07-21T16:12	1 350	07-21T15:42	07-21T15:30～23:00	0.95	0.66	659		14 000	1976-08-02	1 700	1958-07-10	

窟野河两支流特牛川、乌兰木伦河本次洪水产沙情况有很大差异,乌兰木伦河王道恒塔站最大含沙量 1 360 kg/m³,洪水平均含沙量 1 160 kg/m³,而特牛川新庙站最大含沙量 458 kg/m³,洪水平均含沙量 197 kg/m³,造成这种现象的主要原因是乌兰木伦河流域神府东胜矿区正值基建期,开矿、修路以及配套工程的修建,尤其是乡镇煤矿乱采、滥挖,造成大量新的水土流失而使产沙量激增。

表 4-17 为乌兰木伦河相似径流(指洪水径流量相近)洪水产流、产沙对比分析成果,可以看出,开矿后的"89 · 7"暴雨洪水较开矿前的两次洪水平均输沙量增加 40.8%,含沙量增加 26.9%,这种增沙不是洪水径流增大造成的,而是矿区开发建设所致,也就是说,在洪水径流量相近的情况下,开矿后泥沙增加 20% ~ 40%。

表 4-17　神府东胜矿区开发前后乌兰木伦河几次洪水产流产沙对比

洪水时间 (年-月-日)	最大洪峰流量 (m³/s)	径流量 (亿 m³)	输沙量 (亿 t)	含沙量 (kg/m³)	开矿情况
1970-08-08	2 530	0.224	0.195	871	
1972-07-19	3 580	0.257	0.216	957	开矿前
两次洪水平均	3 055	0.241	0.206	914	
1989-07-21	4 600	0.250	0.290	1 160	开矿后

4.2.3　窟野河水土保持减水减沙分析评价

对于黄河中游支流而言,洪水、泥沙变化主要受降雨和人类活动影响,可由下列函数表示:

$$Q_\mathrm{m} = \Phi(P, R) \tag{4-9}$$

式中:Q_m 为洪水(或泥沙)变化因子;Φ 为某一函数;P 为降雨因子;R 为人类活动因子。

对于某特定流域,当降雨相似(指降雨量、降雨强度基本相同或相近的降雨)时,认为洪水、泥沙变化主要受人类活动影响,式(4-9)可改写为

$$Q_\mathrm{m} = \Phi(R) \tag{4-10}$$

据此可分析水土保持等人类活动减水减沙作用。根据河龙区间治理发展过程,1970 年前基本上是治理较少时段,1970 年后为治理时段。为分析治理前后的水沙变化,首先统计计算各年次洪水的径流、泥沙资料,再根据次洪时段统计计算本次洪水的流域平均降雨,然后以 1970 年为分界年份,挑选治理前后两次降雨量、降雨历时基本相同或相近(简称相似降雨)的洪水、泥沙进行对比,其差异即认为是在假定空间分布相似条件下的人类活动影响。"相似降雨产流产沙分析法"克服了治理前后降雨产流产沙关系的不变性,可回答治理后如果发生类似降雨水土保持等人类活动的减水减沙效益。

表 4-18 为窟野河流域 1971 ~ 1989 年历年 98 组相似降雨(降雨总量、降雨总历时基本相同或相近)洪水、径流、泥沙变化,可以看出,窟野河 1971 ~ 1979 年减洪作用为 22.2%,减沙作用为 25.5%,而 1980 ~ 1989 年增洪作用为 30.8%,增沙作用为 22.0%,这主要是煤田开发影响兼遇 1989 年大暴雨洪水所致,1971 ~ 1989 年合计减洪为 5.3%、减

沙为 11.6%，可见窟野河流域 1971～1989 年水利水保措施减洪减沙作用不大。这一情况说明，近年来窟野河流域水利水保措施虽有发展，但并未新修较大控制性骨干工程，现有治理措施不可能使泥沙这样大幅度减少。从而可以得到这样的认识，2000～2010 年径流、泥沙的大幅度减少并非主要是水利水保措施对洪水泥沙的控制作用，而主要是受枯水水文系列影响所致。如今后遇到雨量丰沛时期，洪水、泥沙有可能增加。

表 4-18　　窟野河流域治理前后相似降雨洪水、泥沙变化分析

年份	对比组数	治理情况	降雨总量（mm）	降雨总历时（h）	洪水总量（万 m³）	泥沙总量（万 t）	洪峰流量合计（m³/s）	洪峰流量增(+)减(-)比例(%)	洪量增(+)减(-)比例(%)	泥沙增(+)减(-)比例(%)
1971	6	治理前	202.1	46.0	50 359	20 558	20 275	-14.6	-28.6	-5.7
		治理后	246.1	48.4	35 966	19 377	17 305			
1972	2	治理前	35.1	6.3	4 171	2 651	1 883	248.3	123.4	211.2
		治理后	38.1	5.9	9 316	8 249	6 559			
1973	7	治理前	210.1	61.6	37 549	23 551	16 397	-57.2	-51.0	-71.4
		治理后	209.1	69.2	19 393	6 741	7 026			
1974	6	治理前	122.7	29.0	33 514	20 696	19 286	-76.5	-68.9	-76.2
		治理后	121.1	26.3	10 431	4 929	4 534			
1975	7	治理前	161.7	53.9	23 668	14 167	12 684	-80.4	-67.2	-88.2
		治理后	165.1	50.4	7 774	1 675	2 481			
1976	6	治理前	153.3	50.4	26 338	18 441	12 313	60.8	51.5	55.2
		治理后	157.4	51.0	39 895	29 619	19 797			
1977	6	治理前	137.6	47.7	12 038	6 765	6 005	-6.1	1.8	-37.9
		治理后	138.4	45.6	12 256	4 199	5 636			
1978	5	治理前	163.5	56.6	19 507	7 091	9 394	41.7	7.7	28.8
		治理后	162.4	52.6	21 000	9 130	13 237			
1979	6	治理前	219.1	55.8	51 945	20 776	20 756	-23.5	-10.6	-16.2
		治理后	202.4	52.4	46 464	17 410	15 881			
1980	2	治理前	20.0	8.5	2 507	1 508	2 493	-79.7	-39.6	-86.2
		治理后	19.9	7.8	1 514	208	505			
1981	6	治理前	114.5	37.7	6 982	2 429	4 011	23.3	23.5	51.6
		治理后	112.4	36.0	8 623	5 020	4 946			
1982	4	治理前	118.0	55.0	9 142	2 466	2 212	70.9	46.2	30.4
		治理后	122.1	50.8	13 367	3 215	3 781			

续表 4-18

年份	对比组数	治理情况	降雨总量 (mm)	降雨总历时 (h)	洪水总量 (万 m³)	泥沙总量 (万 t)	洪峰流量合计 (m³/s)	洪峰流量增(+)减(-)比例(%)	洪量增(+)减(-)比例(%)	泥沙增(+)减(-)比例(%)
1983	3	治理前	76.3	21.3	8 586	1 996	3 969	-49.5	-43.6	-2.9
		治理后	76.3	23.5	4 844	1 938	2 006			
1984	7	治理前	144.8	55.2	13 302	5 714	6 465	-35.9	-32.3	-69.3
		治理后	147.0	57.6	9 010	1 756	4 142			
1985	4	治理前	200.3	61.3	30 518	16 795	9 437	0.8	-0.1	-15.6
		治理后	194.3	52.0	30 496	14 173	9 516			
1986	3	治理前	49.6	14.2	5 809	2 627	4 090	-62.5	-50.9	-33.9
		治理后	48.0	14.6	2 853	1 737	1 535			
1987	6	治理前	83.1	38.5	7 029	2 512	3 629	12.2	-2.0	-7.6
		治理后	81.8	39.7	6 886	2 321	4 072			
1988	8	治理前	98.9	38.8	8 858	4 413	6 626	48.6	384.1	153.6
		治理后	98.9	40.3	42 878	11 192	9 843			
1989	4	治理前	201.2	50.4	28 457	15 232	11 690	224.4	33.5	73.3
		治理后	222.0	46.8	38 000	26 400	37 920			
1971 ~ 1979	51	治理前	1 405.2	407.3	259 089	134 696	118 942	-22.3	-22.2	-25.5
		治理后	1 440.1	401.6	201 495	100 329	92 456			
1980 ~ 1989	47	治理前	1 106.7	381.0	121 190	55 692	54 622	35.8	30.8	22.0
		治理后	1 122.7	369.1	158 471	67 960	74 194			
1971 ~ 1989	98	治理前	2 511.9	788.3	380 279	190 388	173 564	-4.0	-5.3	-11.6
		治理后	2 562.8	770.7	359 966	168 289	166 650			

4.3 三川河暴雨产流产沙及水土保持减水减沙回顾评价

4.3.1 三川河流域自然环境特征及治理概况

4.3.1.1 自然环境特征

　　三川河发源于山西省方山县东北赤坚岭,流经方山、离石、中阳、柳林四县,在柳林县石西乡上庄村入黄河,全长 176.4 km,流域面积 4 161 km²,主要支流有北川、东川和南川。流域内有三种土壤侵蚀类型区,即土石山轻度侵蚀区、黄土丘陵强烈侵蚀区和河川区。土石山轻度侵蚀区主要分布于流域东部吕梁山中段和关帝山,面积 1 940 km²;黄土丘陵强烈侵蚀区,流域中部和西部,面积 2 067 km²,占流域面积的 49.7%;河川区主要分布于沿河两岸阶地,面积 154 km²(见图 4-13)。

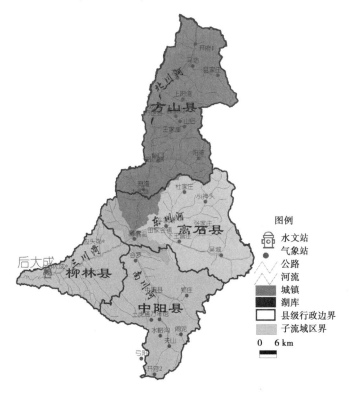

图 4-13　三川河流域水系与主要水文站

三川河流域植被自东南至西北逐步递减,由乔灌植被向草灌植被转化,直至北部鄂尔多斯荒漠植被。尽管如此,全流域的林草地覆盖率较其他植被的盖度大,占流域面积的39.8%;其中林地为 1 387.07 km²,覆盖率为 33.4%,主要包括天然林地和人工林地两种类型,占地面积分别为 666.4 km² 和 720.67 km²;草地覆盖率为 6.4%,约 269.27 km²,且以天然草地为主。天然草地主要分布在吕梁山脉森林线以下的山坡地带及梁峁地带、农耕地边缘和植被较好的土石山区。

4.3.1.2　治理概况

三川河流域从 20 世纪 50 年代开始开展水土保持工作,1982 年被列为全国水土保持重点治理区,治理速度加快,有 71 个重点治理小流域,控制面积 1 189 km²,到 1991 年共保存水平梯田 2.816 万 hm²,水土保持林 10.067 万 hm²,种草 0.408 万 hm²;修建淤地坝3 140 座,控制面积 1 421.8 km²,淤成坝地 0.308 万 hm²,淤成滩地 0.168 万 hm²。流域内有陈家湾和吴城两座中型水库,小(1)型水库 2 座,小(2)型水库 5 座,水库控制面积 708 km²,库容 3 504 万 m³。治理程度达 33.1%。据黄河水土保持生态环境监测中心利用地面调查与遥感调查相结合的方法调查,截至 2007 年三川河流域修建梯田 26 857 hm²、水土保持林 115 804 hm²、种草 2 374 hm²、坝地 5 177 hm²、封禁 13 866 hm²,治理程度大幅度提高。

4.3.2　暴雨产流产沙情况及原因分析

4.3.2.1　洪水变化情况

三川河流域洪水皆由暴雨形成,图4-14为三川河流域年最大洪峰流量变化过程,可以看出,洪峰流量呈减小趋势,1970年前,为治理较少时段,洪峰波动较大,1970年后治理较多时段,洪水波动幅度减小,但1994年、2010年仍分别发生1 680 m³/s、1 160 m³/s洪水。

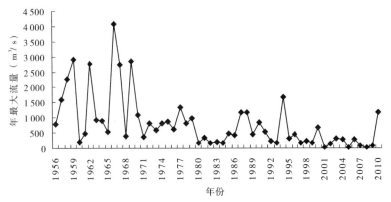

图4-14　三川河流域年最大洪峰流量过程线

4.3.2.2　洪水变化原因分析

不同治理程度和措施配置对洪水影响很大。据统计,在20世纪90年代初,三川河流域治理程度已达33.1%,比皇甫川流域同期高10%以上。同时措施配置体系也不尽相同,如三川河的工程措施面积比为22.9%,比皇甫川同期多20.17%;再者,三川河坝库控制面积占流域面积的17.02%,而皇甫川坝库控制面积仅占流域面积的8.36%。

由于治理程度和措施配置的不同,对洪水的控制作用也不同。图4-15为三川河流域最大1日降雨量与洪峰流量的关系,可以看出,在相同最大1日降雨条件下,自20世纪70年代治理以来,三川河流域各年代的削峰效果不断增加,尤其是在日降雨量大于35 mm时,其削峰作用更为明显,而且当降雨量约大于50 mm时,仍能起到削峰减洪作用。从而可以推知,生物措施仅在降雨量较小时才有可能起到一定的滞洪作用,要达到一定的拦洪作用,必须配置一定规模的工程措施(主要指坝库)。从皇甫川和三川河的对比结果可初步推论,坝库控制面积不能低于流域面积的10%,否则尽管其他治理程度较高,但对大暴雨洪水的控制作用仍不明显。

4.3.3　水土保持减水减沙分析评价

以1970年为治理前后分界年份,统计三川河流域治理前后中雨、大雨洪水资料,各挑选治理前后8次面雨量及雨强基本相同或相近的洪水,分析水利水土保持工程等人类活动对洪水的影响(见表4-19)。由表列成果可以看出,在面雨量和雨强基本相似情况下,治理后较治理前洪水流量减少68.2%,洪量减少58.6%。

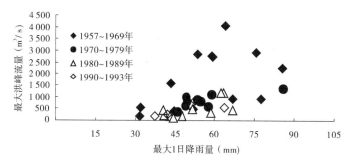

图 4-15　三川河流域最大 1 日降雨量与洪峰流量的关系

表 4-19　　三川河流域相似降雨条件下洪水变化

	洪号	面雨量 （mm）	雨强 （mm/min）	洪水流量 （m³/s）	洪量 （万 m³）
治理前	19700915	10.98	2.59	337	4 122
	19570724	12.53	1.98	176	5 090
	19660716	12.90	3.06	321	2 088
	19570723	20.33	5.21	1 590	14 269
	19630829	23.68	2.53	392	8 356
	19710902	31.00	1.89	182	6 366
	19780829	44.80	2.46	816	19 977
	19620715	59.04	2.95	2 770	61 573
	合计	215.26	22.67	6 584	121 841
治理后	19850619	11.96	2.34	76.3	2 859
	19760721	12.47	1.78	100	1 309
	19800817	12.54	3.06	171	1 292
	19790814	20.41	4.90	191	3 357
	19800903	24.28	2.21	79.8	3 636
	19800827	30.93	1.88	140	4 324
	19860626	45.63	2.40	177	5 037
	19880808	64.34	2.86	1 160	28 688
	合计	222.56	21.43	2 095.1	50 502
治理前后差值		+7.30	−1.24	−4 488.9	−71 339
减少（%）		+3.4	−5.5	−68.2	−58.6

4.4　无定河流域暴雨产流产沙及水土保持减水减沙分析评价

4.4.1　无定河流域自然环境特征和水土保持治理概况

4.4.1.1　自然环境特征

　　无定河发源于陕西省北部靖边、定边、吴起三县交界处的白于山,由西向东流经内蒙古鄂尔多斯市部分县(旗)和陕西省榆林、延安两市的11个县(市),于清涧县河口村汇入黄河。干流全长491.2 km,流域面积30 261 km²,其中陕西省境内21 651 km²,占71.5%;内蒙古境内8 610 km²,占28.5%。流域水沙出口控制站为白家川水文站,集水面积29 662 km²,占流域面积的98.02%。较大支流有芦河、海流兔河、大理河、榆溪河、淮宁河、马湖峪河和黑木头川等,其中除榆溪河、海流兔河为沙漠区河道外,其他均为黄土丘陵沟壑区。全流域按地貌类型及水土流失特点可划分为河源涧区、风沙区和黄土丘陵沟壑区(见图4-16)。

图 4-16　无定河流域水系及水土流失类型分区图

　　无定河流域地处毛乌素沙地南缘及黄土高原北部地区,水土流失严重,全流域水土流失面积23 137 km²,占流域面积的76.5%,据白家川水文站1959~1969年(水土流失基本未得到治理时期)实测资料,流域年均径流量15.37亿 m³,年均输沙量2.177亿 t。

4.4.1.2　水土保持治理概况

1. 治理阶段

无定河流域的治理,大体经历了以下阶段:

20 世纪 50 年代至 70 年代初期,为起步阶段,治理以试验探索为主,措施少,规模小,进度慢,治理程度低,截至 1969 年累计完成水土保持治理面积 21.53 万 hm²,占水土流失面积的 6.3%。

20 世纪 70 年代至 80 年代初期,大搞农田基本建设,治理进度明显加快,尤其是治沟淤地坝建设形成高潮,共建淤地坝 5 929 座,占流域现有淤地坝总数的 51.0%,为初步规模治理阶段,截至 1979 年,累计完成水土保持治理面积 40.81 万 hm²,约占水土流失面积的 14.1%。

20 世纪 80 年代初至今,被列为国家重点治理区,大力开展以小流域为单元集中连片综合治理,无论是治理规模、速度还是质量,都有了飞跃性发展,为较高规模治理阶段,已基本形成了面上规模治理与沟道坝库工程控制相结合的治理格局。

2. 治理特点

无定河流域三个水土流失类型区地貌、地质和土壤侵蚀形态不同,治理方式和治理措施各有特点。

1) 风沙区

风沙区有沙丘和滩地,沙丘有固定沙丘、半固定沙丘和流动沙丘。滩地一般植被较好,风蚀轻微;流动沙丘,压埋农田,侵袭村镇,断绝交通,淤塞河道,危害严重。风沙区治理重点是防风固沙,治理措施一是迎着沙丘移动方向营造防风固沙林带,制止沙丘流动;二是在耕地四周营造农田防护林,保护农业生产;三是在有患水源的地方,引水拉沙,削沙丘为平地,变沙漠为良田;四是在已固定沙丘大量造林种草,充分开发利用沙漠资源,发展林牧副业。目前有许多小流域经多年的综合治理,生态环境已逐步进入良性循环的轨道。

2) 河源涧地区

河源涧地区梁长峁大,坡缓涧(丘间盆地)平,沟深岸陡,面蚀轻微,沟蚀和重力侵蚀严重。治理重点是固沟保涧,主要措施是在涧地上修小坝,拦蓄坡面径流,引洪漫涧,把涧地变成高产稳产基本农田;在沟头修围埝,做到水不下沟,制止沟头前进;在沟谷修大坝,拦泥淤地,防止沟床下切;同时在坡地上修梯田、造林、种草。靖边的龙洲是个有名的涧地,治理成效是十分突出的。

3) 黄土丘陵沟壑区

黄土丘陵沟壑区丘陵密集,地形破碎,面蚀沟蚀都很严重。多年来都以小流域为单元,坚持坡沟兼治,综合治理。采取的主要措施和目标是缓坡耕地修水平梯田,实现坡地梯田化;荒坡陡坡造林种草建果园,实现荒山荒坡绿化;沟道内修淤地坝,发展坝地,实现沟壑川台化;有条件的地方修水库蓄水或修滚水坝,抬高水位,提水引水灌溉,实现耕地水利化。黄土丘陵沟壑区是三个类型区中治理程度最高的。

3. 治理程度

该流域自 20 世纪 50 年代开始治理,特别是 1983 年列为国家重点治理支流以来,加大了治理力度。截至 1993 年底,累计治理面积 73.25 万 hm²,实有治理程度达 34.81%;

根据黄河水土保持生态环境监测中心调查,截至 2007 年全流域共修建梯田 117 068 hm²,水土保持林 727 471 hm²,种草 134 787 hm²,坝地 14 115 hm²,封禁 27 879 hm²,合计治理面积 1 021 320 hm²,占流域水土流失面积的 44.1%,全流域共修建淤地坝 11 631 座,累计总库容 214 447 万 m³;自 1955 年起,先后共建 100 万 m³ 以上水库 74 座,其中库容超过 1 000 万 m³ 的水库 29 座,超过 1 亿 m³ 水库 1 座,小(1)型水库 45 座,总库容已达到 148 500万 m³。基本上形成了大面积水土保持与坝系工程控制相结合的治理格局。

4.4.2 暴雨产流产沙情况

4.4.2.1 年径流、泥沙变化情况

表 4-20 为无定河近 50 年水沙变化情况,由表可以看出,无定河 20 世纪 70 年代以来水沙就开始减少,到 80 年代年输沙量由基准期的 2.180 亿 t 减至 0.527 亿 t,减少 75.8%,90 年代因遭遇较大暴雨,泥沙有所增加,但 2000 ~ 2010 年年均输沙量又减至 0.332 亿 t,较基准期减少 84.8%。径流量的变化幅度较输沙量变化幅度为小,但 2000 ~ 2010 年年均减水亦达 46.7%。

表 4-20　白家川站各年代水沙变化情况

年份	年均径流量 (亿 m³)	年均输沙量 (亿 t)	各年代减少(%)	
			径流	泥沙
1956 ~ 1969	14.315	2.180		
1970 ~ 1979	12.104	1.160	15.4	46.8
1980 ~ 1989	10.361	0.527	27.6	75.8
1990 ~ 1999	9.342	0.841	34.7	61.4
2000 ~ 2010	7.624	0.332	46.7	84.8

注:以 1956 ~ 1969 年为基准期。

4.4.2.2 无定河流域典型暴雨产流产沙分析评价

图 4-17 为无定河洪水变化过程,可以看出,不同时期都有洪水发生,特别是治理后的 1977 年、1994 年发生了较大洪水,其产沙量比较大(见图 4-18),说明了现状水利水保措施抗御大暴雨的能力是脆弱的,特别是 1994 年,年输沙量逾 2 亿 t,接近治理前产沙水平,现对 1977 年、1994 年暴雨产流产沙典型分析评价如下。

1.1977 年暴雨洪水产沙典型分析

1)暴雨产流产沙情况

1977 年陕北地区共发生三次大面积、高强度暴雨,暴雨中心最大日降雨量都在 200 mm 以上。第一次暴雨发生在 7 月 5 ~ 6 日,暴雨中心在延河上游支流杏子河流域,甘谷驿水文站出现了 9 030 m³/s 的特大洪水;第二次暴雨发生在 8 月 1 ~ 2 日,陕西与内蒙古交界处的木多才当,10 h 调查降雨量 1 400 mm,在中心地区 1 860 km² 范围内降水总量达 10 亿 m³,降雨集中,强度之大,实属罕见,因该次暴雨中心位于沙漠地区,因此未产生大洪水,而由此次暴雨涉及的孤山川流域降雨 200 多 mm,造成高石崖站 10 300 m³/s 特大洪水,年产沙量达 0.84 亿 t,为历年之冠;第三次发生在 8 月 5 ~ 6 日,暴雨中心在无定河和屈产河下游,无定河白家川至川口区间 544 km² 的流域面积上产生 5 480 m³/s 的洪峰,

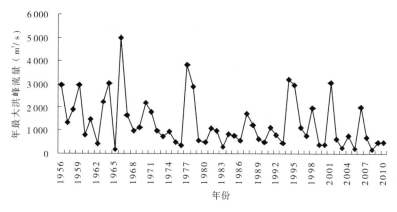

图 4-17　无定河年最大流量过程

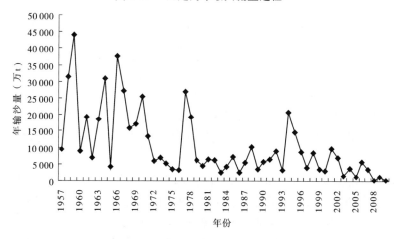

图 4-18　无定河年输沙量变化过程

8 月 5 日白家川洪峰流量 3 840 m³/s,为有实测资料以来的第二大洪水,无定河该年输沙量高达 2.69 亿 t。这三次暴雨洪水,致使河龙区间年产沙量达 15.96 亿 t,造成黄河下游河道严重淤积。

2)水毁增沙情况

1977 年无定河洪水泥沙较大,水毁增沙是一个重要原因。根据李保如、陈升辉、孟庆枚等暴雨后调查提出的《黄河中游地区 1977 年暴雨后小型坝库工程情况调查报告》,淤地坝坝地受暴雨损害的占 50.7%,坝地总冲毁率占坝地总数的 1/4 ~ 1/3。据绥德水保站对韭园沟的调查,"77·7"暴雨和"77·8"暴雨两次暴雨累计共冲毁坝库 243 座,占总坝库 333 座的 73%,其中支毛沟淤地 0.67 hm² 以下的小坝 179 座,占小坝总数的 77.7%,冲走坝地 51.53 hm²,占已淤坝地 191.2 hm² 的 27%。

2.1994 年暴雨洪水产沙典型分析

1994 年无定河流域共有 4 次较大降雨过程,其中 8 月 4 ~ 5 日(第三次降雨),流域普降暴雨,主雨区在子洲、绥德、吴堡一线,暴雨中心在绥德,6 h 降雨 144.2 mm,降雨量大于 100 mm 的笼罩面积 2 216 km²,大于 80 mm 的笼罩面积 5 100 km²。暴雨是形成洪水的主要原因,8 月 5 日暴雨致使无定河白家川站发生了有实测资料以来的第 3 位洪水,洪峰流量达 3 200 m³/s,此次洪水洪量为 1.33 亿 m³,洪水沙量为 0.75 亿 t。连续发生 4 次洪水,致使该年输沙量达 2.08 亿 t,接近于治理前产沙水平(见表 4-21)。

表 4-21　白家川站"94·8"暴雨洪水产流、产沙与多年平均比较

时间	径流量 (万 m³)	输沙量 (万 t)	最大流量 (m³/s)	最大含沙量 (kg/m³)
1994 年 8 月 3~6 日	13 254	7 493	3 200	560
1994 年 8 月 10~12 日	9 576		2 500	
1994 年 8 月 3~8 日	2 936	5 689	770	650
3 次洪水合计	25 766	14 654	3 200	860
1994 年平均	116 100	20 800	3 200	860
1956~1969 年平均	153 964	21 744	4 980	1 290
1970~1979 年平均	121 074	11 593	3 840	1 180
1980~1989 年平均	103 615	5 268	1 760	1 280

3.流域治理对洪水泥沙影响分析评价

"94·8"暴雨产流产沙虽大,但并不意味着没有水利水保措施的减水减沙作用。这种作用可以从韭园沟与裴家峁沟以及无定河几次大暴雨洪水产流产沙对比表现出来。

1)韭园沟与裴家峁沟小流域产流产沙对比分析

韭园沟是绥德县无定河左岸一条治理程度较高的支沟,流域面积 70.1 km²,流域内建有水库 2 座,淤地坝 215 座,其中大型坝 15 座,中型坝 40 座,小型坝 160 座,治理程度达 60%;裴家峁沟是与韭园沟相邻的对比流域,治理程度不足 20%。1994 年 8 月 4~5 日,两流域平均降雨量都在 100 mm 以上,最大点降雨量同为 152.6 mm,降雨条件大致相同,但由于两流域治理程度不同,其暴雨产洪产沙相差悬殊(见表 4-22)。从表列成果可以看出,治理程度较高的韭园沟产洪量减少 87%,产沙量减少 99%。

表 4-22　韭园沟与裴家峁沟"94·8"暴雨产流产沙对比

项目	裴家峁沟	韭园沟
流域面积(km²)	39.5	70.1
梯田(hm²)	415.33	1 529.47
造林(hm²)	253.33	2 233.13
种草(hm²)	3.33	64.2
坝地(hm²)	71.07	293.4
合计(hm²)	743.06	4 120.2
水库(座)	0	2
治理程度(%)	18.8	60.1
产洪量(m³/km²)	102 329	13 679
产沙量(t/km²)	44 532	245

2）几次大暴雨洪水对比分析

挑选无定河流域三次最大洪水产流产沙进行比较（见表 4-23），可以看出，"94·8"暴雨较前 2 次暴雨强度为大，但产流产沙较前 2 次为小，说明了流域治理对减洪减沙仍有一定作用。

表 4-23　无定河白家川站几次较大洪水与"94·8"暴雨产流产沙比较

时间（年-月-日）	雨　情			次洪洪量（万 m³）	次洪沙量（万 t）	最大流量（m³/s）	最大含沙量（kg/m³）
	>100 mm 雨量笼罩面积（km²）	最大 6 h 雨量（mm）	最大点日雨量（mm）				
1966-07-17 ~ 18	900	50.0 ~ 70.0	95 ~ 130	22 200	15 240	4 980	1 060
1977-08-05 ~ 06	2 900	59.0 ~ 151.0	>150.8	26 500	16 700	3 840	828
1994-08-03 ~ 06	2 216	140.0 ~ 175.0	>175.0	13 254	7 493	3 200	560

4.4.3　无定河水土保持措施减水减沙效益分析评价

无定河流域面积较大，水土流失类型多样，水文统计模型很难反映流域产水产沙实际情况，加之水文法存在的理论缺陷，本次分析不采用水文法计算，只采用水保法计算，以下为水保法计算方法。

4.4.3.1　计算公式

1.坡面措施减水减沙量计算

减水量计算公式：

$$\Delta W_1 = (1 - k) \sum_1^n M_{\mathrm{w}} \eta_{\mathrm{w}i} f_i \tag{4-11}$$

式中：ΔW_1 为梯田、林、草等措施减水量；M_{w} 为天然地表径流量；$\eta_{\mathrm{w}i}$ 为减水系数；f_i 为措施面积；k 为地下径流补给系数，取值 0.03。

减沙量计算公式：

$$\Delta W_{\mathrm{s}1} = \sum M_{\mathrm{s}} \eta_{\mathrm{s}i} f_i \tag{4-12}$$

式中：$\Delta W_{\mathrm{s}1}$ 为梯田、林、草等措施减沙量；M_{s} 为天然产沙模数；$\eta_{\mathrm{s}i}$ 为减沙系数；f_i 为措施面积。

无定河流域风沙区的地表径流和天然产沙量甚小，在计算其天然地表径流模数和天然产沙模数时，都不计入风沙区面积，在计算减水减沙量时，都不计入风沙区的措施面积。

各项措施的减水减沙系数见表 4-24。

表 4-24　20 世纪各年代无定河水土保持措施减水减沙系数　　　（%）

年代	梯田		造林		种草	
（20 世纪）	减水	减沙	减水	减沙	减水	减沙
50	20	20	25	30	10	20
60	20	20	25	25	10	20
70	50	50	50	40	20	30
80	60	70	45	50	20	40
90	40	50	35	40	15	30

2. 坝地减水减沙量计算

坝地减水量计算公式：

$$\Delta W_2 = (1 - k)(\alpha W_{s2}/\gamma + M_w \eta f) \tag{4-13}$$

式中：ΔW_2 为坝地减水量；W_{s2} 为坝地减沙量；γ 为坝地泥沙干容重，取 1.35 t/m^3；α 为泥沙孔隙率，取值 0.5；M_w 为天然地表径流模数；η 为坝地减水系数，取值同梯田；f 为坝地面积；k 为地下径流补给系数，取 0.15。

坝地减沙量计算公式：

$$\Delta W_{s2} = \Delta W_{sg} + \Delta W_{sb} = M_{s2}f(1 - \alpha_1)(1 - \alpha_2) + \alpha\Delta W_{sg} \tag{4-14}$$

式中：ΔW_{s2} 为坝地总拦沙量；ΔW_{sg} 为坝地拦沙量；ΔW_{sb} 为坝地减蚀量；M_{s2} 为拦泥指标，即单位坝地面积的拦泥量，万 t/hm^2，根据陕西省水保局调查，取 347 t/hm^2；f 为坝地面积；α_1 为人工垫地及坝地两岸坍塌形成的坝地面积占坝地总面积的比例；α_2 为推移质系数，本次计算取 $\alpha_1 = 0.15$，$\alpha_2 = 0.10$；α 为坝地减蚀量占总拦泥量的比值，取值 0.1。

3. 水库减水减沙计算

水库减水量有两部分：蒸发量和灌溉用水量，前者可免于计算，后者在计算灌溉总用水量中统一计算。

水库减沙量根据调查资料统计计算。

4. 灌溉减水减沙量计算

灌溉减水量用下式计算：

$$\Delta W_3 = M_w f(1 - k) \tag{4-15}$$

式中：ΔW_3 为灌溉减水量；M_w 为灌溉定额，无定河取值 26.4 m^3/hm^2；f 为灌溉面积；k 为径流回归系数，取值 0.15。

灌溉减沙量用下式计算：

$$\Delta W_{s3} = \Delta W_3 \rho \tag{4-16}$$

式中：ΔW_{s3} 为灌溉减沙量；ΔW_3 为灌溉减水量；ρ 为灌溉用水含沙量，取值 10 kg/m^3。

5. 河道冲淤量和人为增沙计算

采用陕西省水保局调查计算数据。

6. 坝梯水毁增沙量计算

根据调查统计计算。

4.4.3.2　计算结果

根据现有研究成果整理的无定河流域减水减沙量列于表 4-25 和表 4-26。

表 4-25 无定河水利水保措施减水量 （单位:万 m³）

项目		年份				
		1956~1959	1960~1969	1970~1979	1980~1989	1990~1997
计算年径流量		162 998	160 755	139 987	123 685	119 367
实测年径流量		157 980	152 128	121 074	103 615	95 017
措施减水量	梯田	64.0	104.2	668.8	1 318.9	909.9
	造林	348.0	312.0	1 093.9	2 347.0	2 155.9
	种草	108.0	114.7	494.2	881.4	601.9
	坝地	508.0	1 745	2 259	707.0	823.0
	灌溉	3 990	6 352	14 397	14 815.7	19 859.6
合计	万 m³	5 018	8 627.9	18 912.9	20 070	24 350.3
	%	3.1	5.4	13.5	16.2	20.4

表 4-26 无定河流域水利水土保持措施减沙量计算表

项目		年份				
		1956~1959	1960~1969	1970~1979	1980~1989	1990~1997
多年均降雨量(mm)		475.9	438.1	389.3	384	375.3
计算年输沙量(万 t)		31 328	25 881	18 998	9 430	15 872
实测年输沙量(万 t)		29 442	18 665	11 593	5 269	9 178
水保措施减沙量(万 t)	梯田	24.0	43.4	188.1	253.9	432.3
	造林	156.5	129.0	246.0	430.3	935.0
	种草	80.6	95.6	208.5	287.3	457.9
	坝地	1 612	5 543	7 176	2 246	2 639
	小计	1 873.1	5 811	7 818.6	3 217.5	4 464.2
水利措施减沙量(万 t)	水库	24.3	2 500	1 970	3 170	3 984
	灌溉	57.5	73.7	144	148	234
	小计	81.8	2 573.7	2 114	3 318	4 218
河道冲淤量(万 t)		392	392	119	-87	
人为增沙量(万 t)		-460.5	-1 060	-1 647	-2 288	-982
坝梯水毁增沙量(万 t)			-501	-1 000		-1 006
合计	万 t	1 886.4	7 215.7	7 404.6	4 160.5	6 694.2
	%	6.0	27.9	39.0	44.1	42.2

分析表4-26可知,1990~1997年无定河流域水利水保措施年均减沙6 694.2万t,占计算天然输沙量的42.2%。

4.5 清涧河流域暴雨产流产沙及水土保持减水减沙分析评价

清涧河流域位于黄河中游河龙区间下段右岸,发源于陕西省安塞县,流经子长县、清涧县、延川县,于延川县苏亚河汇入黄河,延川水文站控制面积3 468 km²。截至1999年底,流域初步治理面积1 199.4 km²,治理程度为29.9%,截至2007年治理程度达到47.4%;流域内修建中小水库4座,治沟骨干工程38座,淤地坝3 091座。2002年7月4~5日,清涧河流域发生了一次高强度特大暴雨(简称"2002·7"暴雨)。现就其暴雨产流产沙分析如下。

4.5.1 清涧河"2002·7"暴雨产流产沙分析评价

4.5.1.1 清涧河流域治理概况及"2002·7"暴雨洪水特点

1.治理概况

清涧河流域位于黄河中游河龙区间右岸中部地带,发源于陕西省安塞县,流经子长县、清涧县和延川县,于延川县苏亚河汇入黄河,河长167.8 km,总面积4 080 km²,其中水土流失面积4 006 km²,延川水文站控制面积3 468 km²。清涧河处于延河与大理河之间,气候、土壤、植被、地形等自然条件具有由南向北的过渡性特征;治理措施主要为坝库控制与大面积水土保持相结合,在陕北多沙粗沙支流治理中具有一定的代表性。现就该流域坝库建设和治理程度分析如下。

1)坝库建设

据陕西省水保局提供的资料,截止到1985年清涧河流域已建100万m³以上水库7座,总库容7 323万m³;已建淤地坝4 428座,总库容5.3亿m³,两项合计总库容6.03亿m³,折合单位流域面积有拦蓄库容14.8万m³。子长县水利水保局提供的清涧河流域子长县淤地坝发展过程表明,1959年前,先后建成任家畔、石畔、红石峁、强家坪、赵家焉、强家沟等7座大型淤地坝,1970年北方地区农业会议后,出现了打坝高潮,到1976年,全县共建成淤地坝2 146座,1977年7月6日的一场特大暴雨冲毁大小淤地坝912座,经群众对水毁淤地坝修复,到1979年淤地坝恢复到1 854座,此后基本上未再修新淤地坝。1986年列为黄河上中游治沟骨干工程试点县后,新建治沟骨干坝18座,列为全国生态环境治理重点县后,又新建淤地坝15座,到1999年底全县保存淤地坝1 244座,淤地坝数量减少了近50%(见图4-19)。目前,这些坝库如今仍持续发挥着拦沙作用。

2)治理程度

根据有关单位核实的各项治理措施面积统计,截止到2007年清涧河流域治理度为47.4%(见表4-27)。

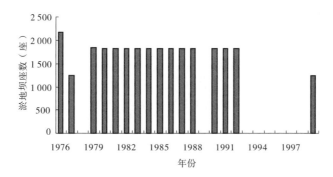

图 4-19　清涧河流域子长县淤地坝座数变化

表 4-27　清涧河流域实有治理措施面积及治理度

年份	梯田 （hm²）	造林 （hm²）	种草 （hm²）	坝地 （hm²）	合计 （hm²）	治理度 （%）
1979	9 293	11 093	613	3 173	24 172	7.0
1989	14 560	59 647	2 567	4 647	81 421	23.5
1996	16 160	65 293	2 727	4 660	88 840	25.6
2007	27 528	110 813	26 141	14 115	164 482	47.4

注:治理度为措施合计面积除以延川水文站控制面积(3 468 km²)。

2."2002·7"暴雨洪水特点

1)雨量大、强度高

据黄河水利委员会中游水文水资源局调查,"2002·7"暴雨中心瓷窑总降雨量高达 463 mm,较 1955～1969 年平均降雨量 450.2 mm 还多 12.8 mm,属 500 年一遇的特大暴雨,其中 7 月 4～5 日,子长站最大 24 h 降雨量为 274.4 mm,较历史实测最大降雨量 165.7 mm(1977 年)还偏多 108.7 mm;7 月 4 日 6 时 15 分至 7 时 15 分和 7 月 4 日 20 时 5 分至 21 时 5 分最大 1 h 降雨量分别达到 78 mm 和 85 mm。

2)峰量大、水位高

7 月 4 日子长站洪峰流量 4 670 m³/s,是自 1958 年 7 月建站以来实测最大值,为百年一遇洪水;延川站 7 月 4 日洪峰流量为 5 500 m³/s,是该站自 1953 年 7 月建站以来实测第二大洪水(见图 4-20)。暴雨期间,子长站水位急剧上升,从 7 月 4 日 4 时 15 分起涨至 6 时 42 分到达峰顶,水位涨幅 7.95 m;延川站从 7 月 4 日 9 时 12 分起涨到 11 时到达峰顶,水位涨幅 9.97 m,为有实测资料以来第一高水位。

3)输沙量大、侵蚀模数高

7 月 4 日子长站洪水输沙量为 4 090 万 t,子长站以上 913 km² 范围内侵蚀模数高达 44 800 t/km²;延川站输沙量达 5 600 万 t,延川站以上 3 468 km² 流域范围内侵蚀模数达 16 100 t/km²,均为两站历年次洪水侵蚀模数最大纪录。

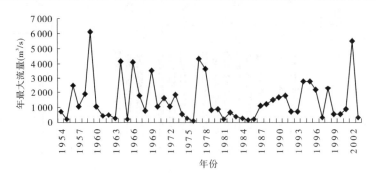

图 4-20　清涧河年最大洪水流量过程

4.5.1.2　"2002·7"暴雨产流产沙分析

1. 暴雨产流分析

径流量是降雨量与径流损失的函数。在黄土地区,径流的主要来源是降雨,若其他条件相同,降雨量越大,径流量也越大,而且黄土地区超渗产流突出,地下径流年际变化不大,当年径流量主要受当年降雨量的影响。为此,点绘次洪降雨——产流关系(见图4-21),可以看出,尽管经验点据比较散乱,但从不同年代来看,20世纪80年代的点据偏于下方,说明了水利水保措施对洪水径流量有一定影响,而"2002·7"暴雨产流又恢复到治理前或治理较少时段的产流水平,表明了水利水保措施拦蓄能力的脆弱性及拦蓄能力的降低。

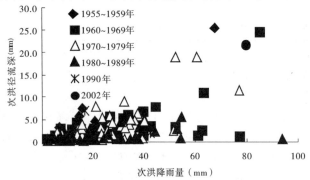

图 4-21　清涧河流域次洪降雨与产流关系

径流系数除反映降雨产流状况外,在一定程度上也反映了水利水保措施的有效拦蓄能力。统计清涧河子长站洪峰流量大于 1 000 m^3/s 的较大暴雨径流系数(见表4-28)可知,1954~1969年的4次暴雨平均径流系数为0.33,1970~1979年的3次暴雨平均径流系数为0.14,20世纪90年代的4次暴雨平均径流系数为0.25,2002年的2次暴雨平均径流系数为0.46,2002年径流系数的增大表明了水利水保措施拦蓄能力的降低。

值得指出的是,1977年7月6日面平均雨量140.4 mm,为统计暴雨径流系数的最大值,而径流系数却是最小值,这是由于当时清涧河流域有较大的坝库拦蓄库容,尽管也发生了局部水毁,径流系数只有0.1,说明水利水保措施有较大的拦蓄能力。而2002年7月4日暴雨径流系数达0.63,并且汇流速度极快,洪水迅即冲入子长县城,致使子长人民的生命、财产遭受重大损失,说明了在特大暴雨条件下流域治理对洪水的拦蓄作用已很小。

表 4-28　清涧河子长站洪峰流量大于 1 000 m³/s 的较大暴雨产流统计

序号	洪水时间 （年-月-日）	洪峰流量 （m³/s）	前 2 日面平均雨量（mm）	本次面平均雨量（mm）	径流量 （亿 m³）	径流深 （mm）	径流系数
1	1959-08-24	1 660	19.6	16.8	0.066 3	4.8	0.29
2	1966-08-15	1 460	49.5	72.6	0.124 1	13.5	0.19
3	1969-07-26	1 180	23.8	21.0	0.066 5	7.3	0.35
4	1969-08-09	3 150	33.4	37.7	0.168 0	18.3	0.49
5	1971-07-06	1 130	13.0	58.0	0.089 0	9.7	0.17
6	1971-07-24	1 440	30.9	51.7	0.072 6	8.0	0.15
7	1977-07-06	1 440	90.7	140.4	0.132 1	14.5	0.10
8	1990-08-27	1 320	16.2	33.0	0.091 7	10.0	0.30
9	1994-08-31	1 920	25.5	53.5	0.174 5	19.1	0.36
10	1995-09-01	1 250	35.1	45.8	0.056 6	6.2	0.14
11	1996-08-01	1 250	23.7	46.7	0.084 6	9.3	0.20
12	2000-08-29	1 190	8.9	17.5	0.042 9	4.7	0.27
13	2002-07-04	4 670	21.0	105.4	0.602 3	66.0	0.63
14	2002-07-05	1 690	105.4	57.9	0.154 4	16.9	0.29

2.暴雨产沙分析

黄河中游河龙区间的主要支流，暴雨产沙量一般随暴雨产流量的高次方递增，清涧河"2002·7"暴雨产流量大，暴雨产沙量也多。表 4-29 为"2002·7"暴雨与河龙区间某些支流大于 100 mm 的产流产沙统计表，可以看出，清涧河子长站"2002·7"暴雨产沙模数为 4.48 万 t/km²，仅次于孤山川"1977·8"暴雨产沙模数，而较其他几次暴雨产沙都大，说明了流域治理在特大暴雨情况下的拦沙作用已很小，甚或增沙。

根据表 4-29 成果可以整理成表 4-30，可以看出，控制一次降雨 100 mm 以上洪水、泥沙所需库容为 4 万～11 万 m³/km²，平均为 7 万 m³/km² 左右，这与前面分析的控制洪水指标，即单位流域面积库容 7 万 m³/km² 是一致的。

表 4-29　清涧河"2002·7"暴雨与其他支流大于 100 mm 暴雨产流产沙比较

河名	站名	控制面积（km²）	洪水时段 （年-月-日）	洪峰流量（m³/s）	洪水径流模数 （万 m³/(km²·a)）	洪水输沙模数 （万 t/(km²·a)）	相应面平均雨量（mm）	径流系数
皇甫川	皇甫	3 199	1959-07-29～31	2 500	1.88	1.31	105	0.18
皇甫川	皇甫	3 199	1959-08-03～06	2 900	3.77	1.68	121	0.31
孤山川	高石崖	1 263	1959-08-03～06	2 730	3.91	1.37	123	0.32
特牛川	新庙	1 527	1976-08-02～08-04	4 290	4.95	1.59	104	0.48
孤山川	高石崖	1 263	1977-08-02～08-03	10 300	8.78	5.43	141	0.62
特牛川	新庙	1 527	1989-07-21～23	8 150	6.88	1.35	138	0.50
皇甫川	皇甫	3 199	1989-07-21～24	11 600	4.33	1.97	102	0.42
清涧河	子长	913	2002-07-04	4 670	6.60	4.48	105	0.63

表4-30   河龙区间部分支流控制一次降雨100 mm以上洪水、泥沙所需库容

（单位:万 m³/km²）

支流名称	一次洪水洪量	一次洪水沙量	合计
皇甫川	3.33	1.27	4.60
孤山川	6.35	2.62	8.97
牸牛川	5.92	1.13	7.05
清涧河	6.60	3.45	10.05
平均	5.55	2.12	7.67

注:1.洪量、沙量为表4-29中各支流平均值;

2.泥沙容重取1.3 t/m³。

从清涧河流域本身降雨产沙关系来看(见图4-22),20世纪80年代明显偏于下方,表明在相同降雨条件下产沙量减少,而"2002·7"暴雨产沙与未治理或治理较少情况处于同一水平。

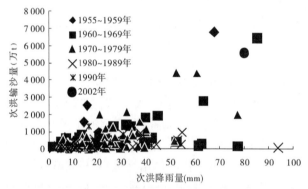

图4-22   清涧河流域次洪降雨—产沙关系

3."2002·7"暴雨致洪增沙原因分析

1)水利水保措施蓄水拦沙能力的衰减

清涧河流域已建的100万 m³以上水库有7座,总库容7 323万 m³,到1989年库容淤损率已达34.2%;已建淤地坝4 428座,总库容5.3亿 m³,至1999年已淤4.8亿 m³,库容淤损率达90.6%。可见,坝库拦沙能力在大幅度衰减,远不能满足控制洪水的流域单位面积库容的要求;从防洪能力来看,小型、中型、大型淤地坝确定的设计洪水标准分别为10～20年、20～30年、30～50年一遇洪水,据调查,随着时间的推移,清涧河现有淤地坝大多未达到上述防御暴雨洪水标准;此外,原有的淤地坝数量减少和失效是很大的,据子长县水利水保局2000年调查,截止到1976年,该县已修建各类淤地坝2 164座,到1999年仅保存了1 463座,损失率达32.3%。从治理程度来看,截止到1996年清涧河流域的治理度为25.6%(见表4-27)。由此可以推知,清涧河在遭遇超标准、高强度暴雨时削洪减沙作用是不大的,这也正是此次暴雨致洪增沙的主要原因。

大量调查研究资料和成果表明,在一般降雨情况下,沟道坝库工程的蓄水拦沙作用是显著的,但较大暴雨洪水期作用较小,甚至有负作用。表4-31为清涧河流域几次淤地坝

水毁调查成果,可以看出,虽然此次暴雨洪水淤地坝水毁率较前有所减少,但水毁增沙仍较严重,冲失坝地占总坝地的 12.5%,较前有较大的增加。此外,坡面措施在暴雨作用下来水来沙仍然很大,据调查,清涧河流域梯田多为 20 世纪六七十年代修建,目前梯田质量大为下降;林草措施在近几年干旱条件下,成活率较低。因此,在暴雨作用下,坡面来水仍较大,调查所见,有的坡面林草连同泥土一起滑下,被洪水冲走,增加河流洪水泥沙。从坝库运用方式来看,目前清涧河流域坝库已到了运用后期,无论是水库,还是淤地坝,其运用方式均"由拦转排",增加河流洪水泥沙。此外,根据姚文艺等对皇甫川流域、三川河流域的资料分析,若坝地面积小于流域面积的 10%,尽管其他措施的治理度达到 45% 以上,但对于一次面平均降雨量大于 35 mm、最大日降雨量大于 50 mm 的降雨,流域治理措施对洪水的控制作用较低,如果是一次降雨量大于 100 mm 的暴雨,很可能使流域致洪增沙。显然,"2002·7"暴雨时,清涧河流域未达到坝库控制洪水基本条件。

表 4-31　清涧河流域淤地坝水毁调查

调查地区	延川县	子长县	子长县
时间	1973 年 8 月 25 日	1975 年 8 月 5 日	2002 年 7 月 4~5 日
降雨量(mm)	112.5	167.0	283.0
总坝数(座)	7 570	403	1 244
水毁坝数(座)	3 300	121	85
水毁率(%)	43.6	30.0	6.8
冲失坝地占水毁坝库内坝地的比例(%)	13.3	26.0	30.0
冲失坝地占全县坝地的比例(%)	5.8	5.2	12.5

2)人类活动致洪增沙原因分析

清涧河流域石油、天然气等矿产资源丰富,开矿、修路、城镇或乡村建设等大量弃土、弃渣任意堆放,隐蔽着大量泥沙来源,在暴雨洪水作用下,增加洪水泥沙。现以该流域中山川水库淤积变化为例,说明人类活动增沙情况。中山川水库位于子长县秀延河支流白庙岔河上白石畔村,1972 年开工建设,1976 年竣工,控制面积 143 km²,总库容 4 430 万 m³,到 2000 年累计淤积 2 280 万 m³,占总库容的 51.5%。据水库淤积观测资料,水库各时段淤积量列于表 4-32,由于该水库一直采用拦洪蓄水运用,因此可以认为,1990~2000 年的淤积量的增加大部分为人类活动增沙所致。由表列成果可以看出,1990~2000 年水库淤积量为 1975~1989 年水库淤积量的 1.5 倍,即人类活动增沙约 50%。

表 4-32　中山川水库各时段淤积量变化

时段	淤积量(万 m³)	年均淤积量(万 m³)	增加(%)
1975~1989 年	800	5 303	100
1990~2000 年	1 480	13 405	250
1975~2000 年	2 280	8 307	160

4. 次洪降雨产流、产沙影响作用分析

图 4-23、图 4-24 为次洪降雨—产流—产沙关系,可以看出,次洪产沙量随降雨量的增大而增大。以 1970 年为治理前后的分界年份,1970 年后的经验点据有明显的单向减少趋势,20 世纪七八十年代治理次洪降雨量小于 100 mm 时仍有较大减沙效益,随着时间的推移,由于坝库拦沙作用的衰减和人类活动新增水土流失的加剧,到 2002 年,当流域平均次洪降雨量超过 80 mm 时,产沙量接近治理前的水平。

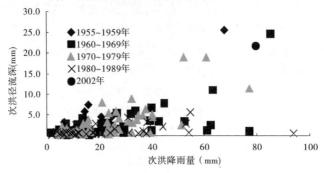

图 4-23　清涧河次洪降雨—产洪关系

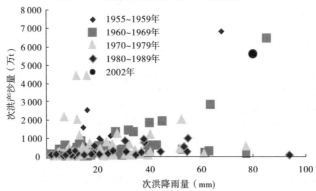

图 4-24　清涧河次洪降雨—产沙关系

4.5.2　水利水土保持措施减水减沙分析评价

4.5.2.1　水利水保措施控制洪水条件分析

1. 流域单位面积库容控制洪水条件分析

1) 河龙区间主要支流暴雨产流产沙分析

由表 4-29、表 4-30 可以看出,控制一次降雨 100 mm 以上洪水、泥沙所需库容为 4 万~11 万 m³/km²,平均为 7 万~10 万 m³/km²,由此可以得到这样的认识:如果对洪水、泥沙有较大的拦蓄作用,需单位流域面积库容保持在 10 万 m³/km²,同时治理程度在 20% 以上。

2) 清涧河控制条件对控制洪水的保证率分析

分析得到的控制一次降雨 100 mm 的洪水所需流域单位面积库容 7 万~10 万 m³/km²,

对其控制洪水的保证率作了如下分析。

（1）清涧河洪水频率分析。

清涧河延川水文站自 1954 年建站至 2003 年已有 50 年的实测洪水资料,为分析控制一次 100 mm 降雨产生洪水的保证率,特对清涧河洪水理论频率进行了分析。

首先将延川水文站 1954~2003 年已有的 50 年实测洪水资料实测最大洪峰流量按大小递减次序排列,按式(4-17)求洪峰流量均值(Q_c)和按式(4-18)求变率(K_i)

$$Q_c = \sum_1^n Q_i/n \tag{4-17}$$

$$K_i = Q_i/Q_c \tag{4-18}$$

式中:Q_c 为洪峰流量均值;Q_i 为历年洪峰流量。

进而求出变差系数(C_v)和偏差系数(C_s):

$$C_v = \sqrt{\frac{\sum_1^n (K_i - 1)^2}{(n-1)}} = \sqrt{45.372/49} = \sqrt{0.926} = 0.962 \tag{4-19}$$

并选用 $C_s = 2C_v$,查皮尔逊Ⅲ型曲线 K_P,并按式(4-20)求不同理论频率洪峰流量 Q_P,

$$Q_P = K_P Q_c \tag{4-20}$$

将计算结果列于表 4-33。

表 4-33　理论频率计算

频率(%)	0.5	1	2	5	10	20	50	75	90	95
重现期 (年)	200	100	50	20	10	5	2	1.33	1.11	1.05
K_P	5.091	4.435	3.774	3.140	2.270	1.605	1.385	0.30	0.12	0.06
Q_P	7 617.2	6 635.6	5 646.7	4 698.1	3 396.4	2 401.4	2 072.2	448.9	179.5	89.8

（2）保证率分析。

从表列成果可以看出,清涧河"2002·7"暴雨所产生的洪峰流量为 5 500 m³/s,由表 4-35 可知,相当于 50 年一遇洪水,也就是说,目前确定的单位流域面积 7 万 m³/km² 库容只能控制 50 年一遇洪水,如遇百年一遇或千年一遇洪水尚不能控制,如欲全部控制洪水还需要增加流域单位面积库容。

还需要指出的是,由于河龙区间南北暴雨洪水的差异,在确定单位面积库容时,应考虑不同频率洪水的差异。例如,流域面积相近的皇甫川和大理河,其不同频率洪水分析(见表 4-34)表明,同频率洪水皇甫川比大理河大 1.4~2.3 倍,也就是说,欲控制一次 100 mm 降雨的洪水,在河龙区间南部单位流域面积需 7 万 m³ 的库容,而在北部则需 15 万 m³/km² 库容。

表 4-34　皇甫川与大理河不同频率洪水比较

河名	流域面积 （km²）	项目	不同频率（%）下的洪峰流量和洪量					统计系列
			0.1	1	5	10	20	
皇甫川	3 199	洪峰流量 Q_P （m³/s）	15 640	9 600	5 800	4 300	3 000	1954 ~ 1984 年
		洪量 W_P （万 m³）	19 500	13 000	8 600	6 600	4 700	
大理河	3 893	洪峰流量 Q_P （m³/s）	11 000	6 150	3 200	2 150	1 300	1955 ~ 1984 年
		洪量 W_P （万 m³）	10 200	7 050	4 850	3 800	2 800	

2. 其他流域控制洪水条件佐证

1）大理河控制洪水条件分析

上述认识也可从大理河的水利水保措施对洪水、泥沙影响的分析中得到佐证，据 20 世纪 80 年代初期对与清涧河相邻的大理河水利水保措施削洪减沙效益分析，统计了大理河 1955 ~ 1980 年 147 次洪水降雨、径流、泥沙资料，以 1970 年为分界年份，按照降雨量、降雨历时基本相同，前期影响雨量基本相近的条件，从中找出 1970 年前后 42 组对比洪水，从而计算出各年的削洪减沙百分数，计算结果表明，1971 ~ 1980 年平均削峰 51.5%、减水 41.4%、减沙 44.7%，可见，削洪减沙效益是很大的。据分析，产生这样大的效益的最重要的条件是：单位流域面积库容达 20 万 m³/km²。据调查，截至 1980 年大理河流域已建成 100 万 m³ 以上水库 84 座，总库容 2.27 亿 m³；100 万 m³ 以下坝库 3 072 座，总库容 6.14 亿 m³；两者合计总库容达 8.41 亿 m³，合单位面积库容 21.5 万 m³/km²，这些坝库控制了大理河 70% 的流域面积，而当时的治理度仅为 17.1%。

2）黄河中游典型小流域控制洪水条件分析

图 4-25 为黄河中游典型小流域拦沙关系，将来沙量减去排沙量视为拦沙量，拦沙量除以来沙量视为拦沙效益，可以看出，当拦沙效益达 50% 以上时，小流域具有的流域单位面积库容为 7 万 ~ 10 万 m³/km²（见表 4-35）。

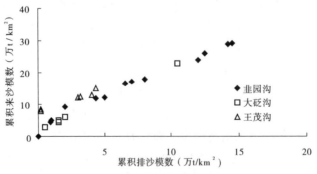

图 4-25　黄河中游典型小流域拦沙关系

以上事实说明，长期有效的保持流域单位面积库容是实现流域洪水控制的关键，这一控制条件为流域单位面积库容至少应在 7 万 m^3/km^2 以上,流域治理程度在 20% 左右。这对坝系规划以及坝库蓄洪拦沙效益的可持续性具有十分重要的指导意义。

表 4-35　典型小流域坝系单位面积库容

沟名	拦沙效益 (%)	单位面积库容 (万 m^3/km^2)
韭园沟	56.5	7.15
大砭沟	61.4	7.7
王茂沟	78.5	10.0

此外,姚文艺等对皇甫川流域、三川河流域控制洪水条件分析表明,若坝库控制面积小于流域面积的 10%,尽管其他措施的治理度达到 45% 以上,但对于一次面平均降雨量大于 35 mm、最大日降雨量大于 50 mm 的降雨,流域治理措施对洪水的控制作用较低,从而也旁证了坝库控制洪水条件的重要性。

4.5.2.2　相似降雨条件下水土保持减水减沙分析

根据"洪水要素摘录表",首先统计了清涧河 1955 ~ 1989 年 178 次洪水、泥沙资料,统计洪水的时段一般是该次洪水洪峰流量大于 100 m^3/s 或该次洪水小于或接近 100 m^3/s 而且含沙量大于 700 kg/m^3 的高含沙量洪水都进行了统计。其次,根据"降雨量摘录表"统计了相应洪水降雨量,在统计时,考虑到影响洪水、泥沙的主要因素,统计了历次洪水的降雨量、降雨历时,同时考虑到前期影响雨量和降雨分布对产流产沙也有一定影响,因该流域为超渗产流区,前期影响雨量影响较小,为避免前期影响雨量和局部暴雨影响,在使用资料时尽量采用单峰和普雨资料。表 4-36 为清涧河流域 1971 ~ 1989 年历年 61 组相似降雨(降雨总量、降雨总历时基本相同或相近)洪水、径流、泥沙变化,可以看出,清涧河 1971 ~ 1989 年减洪作用为 18.6%,减沙作用为 25.0%。

表 4-36　清涧河流域治理前后相似降雨削洪减沙计算

年份	对比组数	降雨总量 (mm)	降雨总历时 (h)	洪峰总流量 (m^3/s)	洪水总量 (万 m^3)	总沙量 (万 t)	洪峰增(+)减(-)比例(%)	洪水总量增(+)减(-)比例(%)	总沙量增(+)减(-)比例(%)
1971	7	125.3 126.7	28.3 28.4	3 117 1 967	5 012 2 893	3 216 1 860	-37.0	-42.0	-42.0
1972	2	66.1 63.1	12.7 12.3	3 882 1 382	3 326 2 690	2 470 1 791	-64.4	-19.1	-27.4
1973	3	46.2 49.2	10.6 10.9	1 565 1 451	1 945 2 604	1 186 1 614	-7.28	+33.9	+36.1
1974	3	32.1 31.8	8.5 8.3	1 467 465	1 776 823	968 443	-54.6	-53.0	-54.0

续表 4-36

年份	对比组数	降雨总量(mm)	降雨总历时(h)	洪峰总流量(m³/s)	洪水总量(万 m³)	总沙量(万 t)	洪峰增(+)减(−)比例(%)	洪水总量增(+)减(−)比例(%)	总沙量增(+)减(−)比例(%)
1975	4	28.0 30.3	4.0 4.2	342 503	747 916	463 496	+47.0	+23.0	+7.0
1976	2	50.4 50.9	26.4 27.8	1 835 454	2 464 869	1 723 388	−75.0	−64.6	−77.0
1977	5	28.7 29.7	8.8 8.8	416 559	876 1 184	521 511	+34.0	+35.0	−2.0
1978	3	81.3 78.6	25.1 25.7	1 712 5 050	3 574 5 055	2 207 3 162	+195.0	+41.0	+43.0
1979	3	62.5 64.5	25.2 24.1	1 146 849	2 391 2 603	1 265 1 218	−26.0	+9.0	−4.0
1980	3	54.8 54.1	20.8 21.1	968 1 155	1 441 1 459	730 945	+19.0	+1.0	+29.0
1981	4	89.3 85.7	37.1 36.4	957 593	1 636 975	812 391	−38.0	−40.0	−52.0
1982	2	16.8 15.5	4.4 4.7	906 236	713 290	529 185	−74.0	−59.0	−65.0
1983	3	76.5 73.4	14.4 13.8	4 297 654	3 997 937	2 733 475	−85.0	−77.0	−83.0
1984	1	52.4 54.3	15.3 12.6	585 267	1 179 269	420 278	−54.0	−77.0	−33.8
1985	3	66.7 68.9	12.1 12.2	1 607 466	1 736 798	1 254 539	−71.0	−54.0	−57.0
1986	4	55.9 56.8	22.4 22.3	1 266 529	2 701 703	1 800 392	−58.2	−74.0	−78.2
1987	3	51.5 55.9	9.5 10.0	1 940 2 540	2 366 3 051	1 621 1 508	+30.9	+18.0	−7.0
1988	4	72.3 70.2	25.4 26.6	2 147 3 487	2 371 3 486	1 324 1 671	+62.4	+47.0	+26.2

续表 4-36

年份	对比组数	降雨总量（mm）	降雨总历时（h）	洪峰总流量（m³/s）	洪水总量（万 m³）	总沙量（万 t）	洪峰增（＋）减（－）比例（%）	洪水总量增（＋）减（－）比例（%）	总沙量增（＋）减（－）比例（%）
1989	2	74.7 73.3	23.9 20.1	865 2 396	1 708 2 949	641 1 544	＋177.0	＋72.6	＋140.9
1971～1979	32	520.6 524.8	149.6 150.5	15 597 12 680	22 596 19 637	14 019 11 486	－18.0	－13.1	－18.1
1980～1989	29	610.9 608.1	185.3 179.8	15 538 12 323	19 848 14 917	11 864 7 928	－20.7	－24.8	－33.2
1971～1989	61	1 131.5 1 132.9	334.9 330.3	31 135 25 003	42 444 34 553	25 883 19 414	－19.7	－18.6	－25.0

4.6　结论与讨论

本章将黄河中游支流作为一个系统，选取皇甫川、窟野河、三川河、无定河、清涧河等主要支流，在辨识流域自然环境特征和水土保持治理特点的基础上，回顾评价了暴雨产流产沙及水土保持减水减沙，对黄河中游各支流极端暴雨（1977 年、1994 年、1988 年、2002年）产流产沙及对水土保持减沙效益影响进行了典型分析，得到以下认识。

洪水是维持河流健康生命的基本要素之一，近期河龙区间主要支流水沙锐减的一个重要特点是洪水的大量减少，主要原因是区间高强度、大面积暴雨减少。回顾评价表明，遇雨量丰沛且暴雨较大的年份，河龙区间各支流仍发生较大洪水泥沙。

支流水利水保措施对洪水、泥沙影响的分析表明，流域自然环境和治理状况与水沙变化密切相关。流域治理后可使洪水径流系数减小，一般来说，水土保持治理对枯水年的产洪影响大，对丰水年的产洪影响较小。通过对降雨总量、降雨强度及空间分布大致相近的条件下治理后与治理前相比，可使一般的暴雨洪水洪量减小，亦可延长汇流时间，减小洪峰流量。

流域治理程度和水保措施的配置不同，对不同量级的洪水减水减沙作用也不同。治理措施控制洪水的能力与治理措施的配置有关，配置体系越合理，削减洪峰的能力越强，控制暴雨洪水的能力越高。根据皇甫川、窟野河、三川河、清涧河等典型支流水利水保措施对洪水影响分析，当降雨量小于 50 mm 时，水利水保措施有一定的减洪作用；当降雨量大于 50 mm 时，水利水保措施对洪水影响不够明显。生物措施仅在降雨较小情况下才能起到一定的滞洪作用，要达到一定的拦洪蓄水作用，必须配置一定规模的工程措施（主要指梯田、淤地坝、水库等），研究表明，坝库控制面积需达到流域面积的 10% 以上，就坝库库容而言，单位流域面积库容至少在 7 万 m³ 以上时，对控制洪水的作用才比较明显。

　　在目前条件下,河龙区间大部分地区水土保持措施对暴雨洪水的控制能力有限,特别是对大暴雨洪水还难以起到控制作用。研究表明,窟野河自然条件严酷,人类活动频繁,治理较差,20世纪七八十年代水利水保措施削洪减沙仅为5%～10%;清涧河自然条件优于窟野河,治理程度也较窟野河高,因此在七八十年代降雨和治理状况下,其减洪减沙效益为15%～20%,说明水利水保措施对洪水、泥沙有一定影响。但通过水利水保措施对清涧河"2002·7"洪水影响分析表明,由于水利水保措施蓄水拦沙作用随时间推移的衰减和人为增沙等因素的影响,水利水保措施对较大暴雨洪水的控制作用较低,甚至致洪增沙。

　　值得指出的是,1985年前黄河中游修建了大量水库和淤地坝,曾发挥了巨大的削洪减沙作用,但由于该地区水土流失严重,已建水库和各类淤地坝大多数已进入运用后期,一遇较大暴雨洪水,容易发生水毁,致使洪水、泥沙剧增,不仅使多年淤成的坝地大量冲失,同时也加重了干流水库与河道的泥沙淤积,如不及时采取有效措施,当遭遇大暴雨洪水时,有可能会使多年治理的减沙效益毁于一旦。

参 考 文 献

[1] 张胜利,李倬,赵文林,等. 黄河中游多沙粗沙区水沙变化原因及发展趋势[M].郑州:黄河水利出版社,1998.

[2] 兰华林,张胜利,于一鸣. 无定河、皇甫川水土保持减水减沙作用分析[J].水土保持研究,2000(1).

[3] 杨德应,王玲,高贵成,等. 陕北清涧河"2002·7"暴雨洪水分析[J].人民黄河,2002(12):10-11.

[4] 张胜利."94·8"暴雨对无定河流域产流产沙影响的调查研究[J].人民黄河,1995(5).

[5] 陈江南,张胜利,赵业安,等. 清涧河流域水利水保措施控制洪水条件分析[J].泥沙研究,2005(1).

[6] 张胜利,左仲国. 从窟野河"89·7"洪水看神府东胜煤田开发对水土流失及入黄泥沙的影响[J].中国水土保持,1990(1).

[7] 赵文林,焦恩泽,张胜利,等. 黄河中游多沙粗沙区1988年汛期洪水调查[J].人民黄河,1989(1).

[8] 黄河水利科学研究院. 2002年黄河河情咨询报告[M].郑州:黄河水利出版社,2004.

[9] 姚文艺,李占斌,康玲玲,等. 黄土高原土壤侵蚀治理的生态环境效应分析[M].北京:科学出版社,2005.

[10] 张胜利,康玲玲,魏义长,等. 黄河中游人类活动对径流泥沙影响研究[M].郑州:黄河水利出版社,2010.

[11] 姚文艺,徐建华,冉大川,等. 黄河流域水沙变化情势分析与评价[M].郑州:黄河水利出版社,2011.

第 5 章　对黄河中游暴雨产流产沙及水土保持减水减沙几个问题的认识

5.1　红柳河、芦河坝库群的作用和问题

在实践中认识到,人们既可利用洪水资源,又可能遭受洪水危害。水库和淤地坝(简称坝库)的蓄水拦沙是控制和利用洪水泥沙的关键措施之一,但在暴雨洪水作用下也存在许多问题,作者曾多次进行黄河中游暴雨洪水调查,回顾评价坝库建设的经验教训及利弊得失,对今日的坝库建设会有一定的参鉴作用。

红柳河发源于白于山北麓定边县胡尖山和吴起县周湾乡,流经榆林、延安的靖边、定边、吴起三县,是无定河的源头河流。红柳河流域西邻定边县的八里河流域,南至白于山,东接无定河支流芦河流域。1958 年,国家在红柳河、芦河上修建了新桥、旧城两座大中型水库,之后开展群众性打坝,先后在流域内建成了巴图湾、金鸡沙、河口庙、猪头山、大岔、柳匠台、杨福井、边墙渠等大中型水库 22 座,以及一定数量的小(1)型、小(2)型水库和淤地坝,形成了大中小结合的坝库群,仅靖边县就修建水库 140 座,其中中型水库 16 座,小(1)型 41 座,小(2)型 83 座;淤地坝 1 882 座,池塘 135 座,总库容 10.7 亿 m^3,形成了节节拦蓄的红柳河、芦河坝库群。

5.1.1　坝库群的社会经济效益

坝库群形成后的 40 年来,曾发挥了巨大的社会经济效益。

5.1.1.1　经济效益

(1)发展了灌溉和坝地种植。据调查,仅靖边县发展灌溉 1.27 万 hm^2,比 1958 年 0.1 万 hm^2 增长 12.7 倍,淤出坝地 0.6 万 hm^2。灌溉和坝地的增产非常显著。

(2)发展了水电,为工农业生产提供了动力。截止到 1980 年,赵石窑以上建成水电站 4 座,装机容量 3 300 多 kW。

(3)坝库建设保护下游,发展了大量高产农田。由于坝库拦截了洪水,下游可围河造田,自流灌溉,仅横山县就发展了稻田 0.53 万 hm^2,乌审旗发展稻田 0.13 万 hm^2。

(4)库区养鱼。多数水库都投放了鱼苗,并获得了效益。靖边县第一个成立了水产局,可养水面 0.23 万 hm^2,年产量 15 万 ~ 20 万 t,产值 200 多万元,而且可养甲鱼,销路很好。

(5)便利了交通。本流域山大沟深,交通不便,每逢河流涨水,来往车辆和行人无法通行,坝库建成后,许多大坝成为过河(沟)的桥梁。陕西通往宁夏的公路干线(307 国

道)即从新桥水库坝顶通过。据靖边县统计,干线上有 23 座坝成为桥梁,节约建桥费 1 500 万元。

5.1.1.2　减水减沙效益

(1)坝库群控制了洪水泥沙,为开发利用水沙资源创造了条件。本流域水量不丰,年径流模数约为 5 万 m³/km²,年内径流分配不均,汛期洪水约占年径流量的 50%。新桥、旧城水库运行期间,灌溉用水约占年径流量的 32.5% 和 48.9%,渗漏下泄分别占 67.5% 和 51.1%,使下游洪水量大大削减,常水量趋于增加和稳定。

(2)坝库群形成后,赵石窑水文站的来水来沙量明显减少,沙量减少尤为突出。形成坝库群后,拦蓄了大量泥沙,抬高了沟(河)道侵蚀基准面,稳定了沟坡,减少了沟蚀和重力侵蚀。截至 1991 年坝库群共拦蓄泥沙 5.5 亿 m³,据靖边县 1991 年统计,坝库拦沙约 4 亿 m³,使全县输沙量由新中国成立前的 5 660 万 t 减少到 616 万 t,减少 89.1%,坝库控制面积 4 113 km²,占全县总面积的 80.8%。采用水文系列对比分析,赵石窑 1960～1988 年减水 24.7%、减沙 69.9%。

5.1.1.3　生态效益

坝库群建设对改善生态环境和国土整治有一定的积极作用,一是坝库相连,沟沟有水,对当地小气候和生态环境有所改善。二是控制了洪水,减少了洪灾,抬高了库区周围地下水位,有利于发展井灌和解决人畜用水困难。靖边县东坑地下水位抬高 2～3 m,丰富了水源,发展大量井灌,而且林草也容易成活。据统计,靖边县林草覆盖率达 43%。三是在坡面水保治理未生效之前,利用坝库拦沙,逐渐形成坝地,发展大面积高产农田,促进退耕还林还牧,调整了农业结构。

5.1.2　坝库群存在的问题

5.1.2.1　坝库群淤积严重,潜伏着连锁垮坝危险

据红柳河、芦河 20 座大中型水库淤积调查统计,总库容 113 237 万 m³,到 1991 年淤积总量 56 577.5 万 m³,淤损率达 49.1%(见表 5-1)。这些水库多数是 20 世纪 70 年代修建的,水库淤积严重,据榆林地区分析,主要是由地形破碎,土质疏松,植被差,暴雨多而集中,水库上游无配套的防洪工程,水库无排沙设施等造成的。特别是坝库群运用后期,随着库容的逐渐淤积及工程老化失修,当遭遇较大暴雨时,存在工程水毁的可能性,潜伏着连锁垮坝的危险。

5.1.2.2　1994 年新桥水库抢险暴露出的问题❶

关于坝库建设存在的问题,现以新桥水库抢险暴露出的问题进行分析。新桥水库建于 20 世纪 50 年代,总库容 2 亿 m³,经过 30 多年的淤积,到 1991 年有效库容仅有 2 834 万 m³。1994 年 8 月,新桥水库共出现三次较大的险情,暴露出了坝库群存在的许多问题。

❶ 张胜利,于一鸣,时明立,等.黄河中游多沙粗沙区 1994 年暴雨雨后水利水保工程作用和问题的调查报告.黄河水利委员会中游调查组,1994.12。

表 5-1　红柳河、芦河大中型水库淤积及病害情况

河流	坝库名	控制面积 （km²）	坝高 （m）	总库容 （万 m³）	1991 年 淤积量 （万 m³）	淤损率 （%）	开工、竣工 日期 （年-月）	主要病害及问题
红柳河	边墙渠	93.0	70.0	6 280	3 190	50.8		无排洪泄水设施，无反滤、渗流
	周湾	119.0	82.0	6 350	3 960	62.4	1970-11 ~ 1978-11	防洪标准低，无反滤、渗流
	营盘山	112.0	52.4	4 740	2 433.7	51.3	1965-02 ~ 1970	无排洪泄水设施
	杨福井	41.5	49.0	1 950	1 363.8	69.9	1969-11 ~ 1973-11	防洪标准低，无排洪泄水设施
	水路畔	105.0	60.0	6 040	2 904	48.3	1970-10 ~ 1973-11	建筑物不配套，不能退水
	新桥	793.0	47.1	20 000	17 166	85.8	1958-10 ~ 1961-10	防洪标准低，排洪泄水设施不灵，坝体裂缝
	金鸡沙	205.0	50.0	7 544	2 444.0	32.4	1971-10 ~ 1973-09	无排洪设施
	巴图湾	478.5	34.0	9 800	600.0	6.1	1972 ~ 1980	
	小计	1 947.0		62 704	34 061.5	50.9		
芦河	柳匠台	58.0	50.0	3 900	1 750	44.9	1976-10 ~ 1980	无排洪排沙设施
	姬滩	75.0	50.0	3 588	2 663	74.2	1972-10 ~ 1981-10	无排洪排沙设施
	河畔	60.0	50.0	2 984	2 414	80.9	1973-10 ~ 1974-08	无排洪排沙设施
	大岔	186.0	52.0	9 000	700	7.8	1977 ~ 1985	坝体迎水，背水坡排洪渠道冲坏
	张家峁	50.0	32.0	2 850	1 090	38.2	1972 ~ 1975	迎水坡陡坎，右岸漏水，无排沙设施
	猪头山	216.0	42.6	4 340	1 800	41.5	1973-10 ~ 1975-10	无排洪排沙设施
	旧城	171.0	53.0	7 490	6 430	85.8	1958 ~ 1960	无排洪排沙设施
	王家庙	43.0	25.0	2 066	506	24.5	1977-05 ~ 1979-12	无排洪排沙设施
	杨家湾	72.5	16.0	1 080	480	44.4	1972 ~ 1974	无排洪排沙设施
	土桥	39.0	62.0	2 635	1 923	73.0	1966-11 ~ 1968-09	无排洪排沙设施
	惠桥	144.0	65.0	4 460	1 300	29.1	1968-10 ~ 1972-10	无排洪排沙设施
	河口庙	604.0	43.5	6 140	1 460	23.8	1972-11 ~ 1975-11	无防淤排沙设施
	小计	1 718.5		50 533	22 516	47.3		
合计		3 665.5		113 237	56 577.5	49.1		

注：资料来源："榆林地区百万方以上水库泥沙淤积调查总结分析报告"（1991.10）和"吴起县病险库坝调查报告"（1994.9）。

1994 年 8 月 2 日以来,新桥水库库区及上游连续遭受暴雨袭击,8 月 5 日,由于上游西郊、柳树涧、西湾、鲍家湾、牛沟畔五座水库垮坝,洪水泥沙涌入新桥水库,库内蓄水量由 320 万 m³ 猛增到 2 560 万 m³,水位骤增 9.43 m,仅距坝顶 3.45 m,大坝安全受到威胁,新桥水库出现第一次险情。出现险情后,各级防汛部门和省、地、县各级领导极为重视,坐镇指挥,制订了以下抢险方案:一是对坝西头与副坝相连处较低的地方加高 1 m,提高了有效坝高,增加了库容;二是加大泄水洞泄水,泄量由原来的 4 m³/s 增大为 9 m³/s;三是在调查上游杨福井、伙场洼、大寨沟、太庄、鸦巷 5 座水库都有垮坝危险的基础上,制订了进一步破除副坝从西侧分洪方案。

8 月 10 日 11～20 时,新桥水库库区降水 93 mm,上游杨福井等地降水 100～178 mm,致新桥水库出现第二次险情。表现在,一是蓄水量增加到 3 260 万 m³,库水位再次上升 2.14 m,距坝顶仅 1.87 m,超过校核洪水位,随时都有垮坝的可能;二是在水库高水位运行、库水面风浪很大的情况下,对坝迎水坡产生严重的风浪淘蚀,使迎水坡形成陡坎,危及大坝安全;三是上游杨福井等 5 座水库险情急剧发展,对新桥水库产生严重威胁;四是由于溢洪道出水,加上地表洪水,冲坏水库泄水洞明渠,产生严重的溯源冲刷,而且冲刷速度很快,2 h 就冲淘破坏 100 m,危及坝体。险情出现后,前线指挥部在国家防总、省水利厅专家的指导下,实施了五条抢险措施:一是破除副坝分洪,10 日晚 24 时,破除副坝 80 m宽,12 日破除副坝宽增加到 500 m,分洪深度 0.8 m;二是继续利用溢洪道分洪;三是很快封堵了泄水洞入口,泄量控制在 0.14 m³/s,防止了明渠继续溯源回淘;四是在明渠上搞了两条分水渠,分流泄水;五是加强对上游杨福井等 5 座水库加高坝体 2 m,保证没有垮坝。这些措施实施后,到 19 日,库水位回落 0.93 m,泄水量 540 万 m³,有效解决了泄水明渠的溯源回淘问题,使新桥水库的险情得到缓解。

为了进一步泄出库内蓄水,缓解险情,实施了溢洪道泄洪方案。采取在溢洪道上放柴草、梢料等防冲措施,加大溢洪道泄量,20～23 日泄流量由 1 m³/s 猛增到 60 m³/s,泄洪 360 万 m³,降低库水位 0.98 m,距坝顶 3.8 m。但溢洪道溯源回淘极为严重,而且速度很快,危及坝体安全,如不及时封堵,有可能形成"人为垮坝",出现了第三次险情。险情出现后,实施了封堵措施,由于水流过急,几次封堵失败,最后经过领导、专家、军队、干部、群众同心协力,加上长庆石油局的大力支持,最后取得了成功,保住了大坝。这次抢险是新桥水库抢险中最惊险、最艰难的一次。

由于抢险成功,下游 7 个县 7 万人和 12 亿财产免受损失,据榆林地区水利水保局估算,一旦垮坝,将摧毁金鸡沙、巴图湾水库,向黄河输送 4 亿 m³ 泥沙,溃坝流量可达 20 000 m³/s。

新桥水库抢险,共投入抢险人员 9 800 多人次,共支出抢险经费 291.7 万元。副坝分洪使 7 个村 54 个村民小组 1 474 户 5 982 人受灾,淹没农作物 1 170.67 hm²,其中绝收 457.33 hm²,其余减产 5～8 成,水毁高产农田 540.67 hm²,冲毁用材林 400 hm²,经济林 114 hm²,毁坏机井 72 眼,饮水井 569 眼,高抽站 6 处,渠道 128 km,倒塌房屋 55 户 326 间,造成危房 436 户 2 579 间,直接经济损失 3 317 万元。

新桥水库出现的问题引起了不少争论,有部分干部和群众对当前坝库存在的问题持悲观态度,对存在的量大面宽的病险坝库感到束手无策,有的认为是"背包袱、拴老虎",

甚至担心"水利变水害";有的主张采取"放"的方针,在"放"与"保"的问题上争论较大。这些问题反映在新桥水库进一步规划上,新桥水库目前有四个方案:一是在水库东侧通过溢洪道,引水 16 km 拉沙;二是在水库西侧副坝,经过 3 个村委,引水 10 km,引洪漫地;三是在上游 7 km 处新建一座大坝,库容 7 000 万 m³,蓄洪拦沙;四是在上游 8 km 处的两个支沟口,新建两座坝,总库容 7 000 万 m³,蓄洪拦沙。究竟哪个方案可行,需要进行充分勘测、规划和论证。同时,不少人建议,对病险坝库进行全面的动态监测,及时了解工程的薄弱环节,采取有效的措施和对策,以防万一。

5.1.3　总体认识

水库和淤地坝拦沙在黄河中游减沙中起主导作用,坝库控制是减沙的关键措施之一。实践证明,加强坝库建设,泥沙是可以快速减少的,社会经济效益很大。但坝库蓄水拦沙有时效性,20 世纪六七十年代,黄河中游修建了大量水库和淤地坝,曾发挥了巨大的蓄水拦沙作用,但由于该地区水土流失严重,许多已建水库和淤地坝淤损严重,大多数已进入运用后期,有些地区淤地坝数量减少和失效的速度是惊人的,管理差、病险坝库多是存在的普遍问题,一遇较大暴雨洪水,容易发生水毁。在当前改革开放情况下,水利水保工程水毁不单纯是一个水利水保问题,而是一个直接关系到当地经济建设和人民生命财产安全的社会问题,对黄河洪水泥沙也有着直接影响。

此外,当淤地坝淤出坝地后,坝地利用与来洪发生矛盾,为解决这一问题,不少地区的已种坝地开设排洪渠,排泄洪水泥沙,以保护坝地利用,特别是由"种植农业"变为"设施农业"后的坝地,其运用方式大都"由拦转排",这就增加了下泄的洪水、泥沙;同时,不少地方已建水库或骨干坝正采用"蓄清排浑"的运用方式加以改造,普遍增建泄洪排沙设施,以求长期保持兴利库容。而这一地区的水沙主要集中在洪水期,如果洪水期不蓄水拦沙,则可能洪水过后无水可蓄,不仅不能为当地兴利,同时将洪水泥沙排入黄河又加重了黄河干流水库与河道的防洪与泥沙淤积的负担,对黄河泥沙带来不利影响。这些情况说明了坝库蓄水拦沙作用存在一定的时效性。

5.2　对黄河中游淤地坝建设减水减沙的认识

在黄土高原地区人工建设淤地坝已有 400 多年的历史,淤地坝对拦泥保土、固沟减蚀、淤地造田等发挥了重要作用。淤地坝的减水减沙作用主要表现在拦泥、减蚀和滞洪三个方面:在拦泥方面,淤地坝不仅能拦蓄沟道本身产生的泥沙,而且能拦蓄坡面汇入沟道的泥沙;在减蚀方面,淤地坝拦沙之后,抬高了侵蚀基准面,具有防止沟岸扩张、沟底下切和沟头前进的作用,减轻了沟道侵蚀;在滞洪方面,主要是拦截了洪水,减轻了坝下游的沟道冲刷,从而减少了输入下游的泥沙。实践证明,淤地坝是一项重要的水土保持措施。然而,作者经多年调查研究认为,黄土高原进行大规模的淤地坝建设可能面临着一些问题,主要表现在以下几个方面。

5.2.1　淤地坝减沙作用在减小

表 5-2 为水利部黄河水沙变化研究基金分析计算成果,可以看出,淤地坝拦沙作用由 20 世纪 70 年代的 76.9% 减至 90 年代的 44.6%。

表 5-2　河龙区间不同年代各项水保措施的拦沙作用

项目		拦沙量(亿 t)					各占比例(%)			
		梯田	造林	种草	坝地	小计	梯田	造林	种草	坝地
水沙基金	1970 ~ 1979 年	0.139	0.224	0.03	1.312	1.705	8.2	13.3	1.8	76.9
	1980 ~ 1989 年	0.225	0.671	0.069	1.397	2.362	9.5	28.4	2.9	59.3
	1990 ~ 1996 年	0.33	1.116	0.113	1.254	2.813	11.7	39.7	4	44.6
	1970 ~ 1996 年	0.22	0.621	0.066	1.328	2.236	9.9	27.8	3	59.4

注: 水沙基金成果引自汪岗、范昭主编"黄河水沙变化研究"第二卷,P56,黄河水利出版社,2002.9。

淤地坝减沙减少的原因可能有以下几种情况:

(1)有些地区淤地坝建设趋于饱和,拦沙作用不增反降。

岔巴沟流域位于陕西省子洲县北部,系无定河二级支流,属黄土丘陵沟壑区第一副区,流域面积 205 km²。岔巴沟自 20 世纪 50 年代就开始修建淤地坝,至 1970 年共建坝 139 座,1970 年北方农业会议后,出现打坝高潮,到 1976 年底全流域共建淤地坝 441 座,目前岔巴沟治理程度达 60% 以上,其中造林、梯田发展较快,种草波动较大,坝地的发展是随着淤地坝的建设坝地迅速发展,1970 ~ 1978 年坝地发展较快,坝地面积迅速增加,但当发展到 1978 年的 400 hm² 以后,基本上没有大的增加,坝地变化平缓,也就是说,随着坝地的形成,坝地的增加趋缓,此后坝地呈减少趋势。为利用坝地,或开排洪渠或开溢洪道,运用方式"由拦转排",其拦蓄洪水、泥沙的作用大为降低。

为对比分析水保措施削洪减沙作用,在统计岔巴沟流域次洪水降雨、径流、泥沙资料的基础上,挑选治理前后(以 1970 年为界)次洪降雨量、降雨历时、前期影响雨量基本相同或相近的两次洪水进行对比分析(见表 5-3)。由表列成果可以看出,岔巴沟流域综合治理削洪减沙效益是比较显著的,5 次洪水对比削峰 64.1%,减水 42.0%,减沙 51.4%,但从其发展过程来看,减水减沙作用呈衰减趋势,20 世纪七八十年代 3 次洪水对比平均减水 47.4%、减沙 57.2%,而 90 年代的 2 次洪水对比平均减水 23.3%、减沙 29.7%,特别是 1992 年,相似降雨洪水减沙效益降为 20%,表现了淤地坝减水减沙作用衰减,究其原因是新增加的淤地坝库容赶不上淤损的淤地坝库容。

表 5-3　岔巴沟相似降雨洪水泥沙对比分析

对比年份	降雨量/历时（mm/h）	前期影响雨量（mm）	洪峰流量（m³/s）	洪量（万 m³）	沙量（万 t）	含沙量（kg/m³）	洪峰流量削减（%）	含沙量削减（%）	减水（%）	减沙（%）
1970	66.6/6.3	6.1	640	323	255	898	51.7	6.2	45.8	58.0
1989	66.6/4.6	6.4	309	175	109	842				
1966	54.2/2.1	21.4	1 520	529	392	936	86.1	11.6	56.1	57.4
1978	62.4/2.3	24.1	211	232	167	827				
1963	48.0/2.6	2.3	585	189	183	1 220	74.2	27.9	40.2	56.3
1983	39.0/3.5	3.8	151	113	80.0	880				
1969	34.2/1.7	3.4	818	246	237	951	30.0	18.0	11.0	39.3
1991	29.5/0.8	4.1	573	219	144	780				
1970	39.0/3.5	10.3	270	119	75.9	759	51.1	16.3	35.5	20.0
1992	39.6/3.8	12.1	132	76.7	60.7	635				
合计 前	242.0/16.2	43.5	766.6	1 406	1 142.9	952.8	64.1	16.8	42.0	51.4
后	237.1/15.0	50.5	275.2	815.7	560.7	792.8				

（2）坡面治理减沙的增加，淤地坝减沙作用减小。

由表 3-48 可知，黄河中游 1996~2007 年水土保持年均减沙的 4.029 55 亿 t 中，坡面措施减沙为 3.063 7 亿 t，占总减沙量的 76.0%；淤地坝减沙 0.965 85 亿 t，占 24.0%，表明随着坡面治理的加强，坡面减沙增加，淤地坝减沙减少。调查发现，近年来有些淤地坝成为"空壳坝"，甚至出现"无沙可淤"的状况。

5.2.2　暴雨水毁淤地坝对泥沙的影响问题

从 20 世纪 50 年代修建淤地坝开始，就有暴雨水毁事件出现，近十余年来大暴雨较少，暴雨水毁事件不多，然而 1985 年前修建的淤地坝并非如此，暴雨水毁事件时有发生，尤其是一些运用到后期的淤地坝，由于病险坝增多，在暴雨洪水作用下，常常使"淤地坝慢性病急性发作"，造成水毁，增加河流泥沙，因此如何评估暴雨水毁淤地坝对泥沙的影响，也是人们关注的问题之一。表 5-4 为 20 世纪 70 年代发生的几次暴雨水毁淤地坝事件，分析表列成果可以得到以下认识：

表 5-4　陕北地区三次暴雨垮坝调查汇总

调查地区		清涧河 延川	延水 延长	清涧河 子长
垮坝时间 降雨量(mm) 调查范围		1973 年 8 月 25 日 112 全县	1975 年 8 月 5 日 108 全县	1977 年 7 月 5～6 日 167 416 km²
调查座数(座)		7 570	6 000	403
水毁座数(座)		3 300	1 830	121
水毁率(%)		43.5	30.5	30
水毁情况	坝体大部溃决,坝体大部冲走	1 120	373	
	水毁率(%)	14.8	6.2	
	坝体部分溃决,坝地拉沟	890	844	
	水毁率(%)	11.8	14.1	
	翻坎,拉大溢洪道	1 269	23	
	水毁率(%)	16.8	0.04	
	洪水漫顶,没有损失		591	
	水毁率(%)		9.9	
各地淤地面积(hm²)		1 465.8	2 493.33	342.47
破坏面积(hm²)		220	232.2	89.33
水毁率(%)		1.0	0.6	1.73
调查单位		延安地区水利局、 延川县水利局	延安地区水电局、 延长县水电局	子长县革委会

(1)淤地坝是沟谷措施,主要是靠库容拦蓄集水面积内的来沙量,当拦沙库容淤积到一定标准后,便丧失了拦蓄泥沙的作用,如果淤积到标准后继续拦沙,在没有一定防洪措施情况下,遭遇暴雨洪水就可能垮坝。从表列的 4 次垮坝的降雨量来看,降雨量大于 100 mm 就发生垮坝。

(2)从被冲坏的淤地坝情况来看,淤地坝水毁数量都较大,占当地淤地坝总数的 30% ～60%,但是这些水毁的淤地坝并不都是全部溃决垮坝,而大多数是坝体部分或小部分被冲毁,有些是溢洪道被冲开,有些只是坝坡形成冲沟,属于坝体大部分被冲,坝地破坏严重的,平均只占淤地坝总数的 15% 左右,最多为 25% ～30%。

(3)从坝地损坏率来看,比淤地坝损坏率要低,如 1973 年、1975 年、1977 年三次淤地坝损坏率分别为 43%、30.6% 和 30%,而坝地的损坏率分别为 15%、9% 和 26%。这是因为黄土丘陵沟壑区的暴雨洪水具有峰高量小、历时短的特点,当淤地坝剩余库容较小时,一遇暴雨就可能造成坝体溃决和部分冲坏,支沟的洪峰尖瘦,洪量较小,历时较短,冲刷和挟带泥沙的能力有限,大部分坝地只能拉出一些冲沟,坝地在当年或很快修复后仍然可继续耕种。换句话说,淤地坝水毁并不会将历年淤积的泥沙全部冲光,若将坝地损失率作为冲失泥沙的话,因暴雨水毁增加的泥沙为9%～26%。

5.3　暴雨作用下典型沟道小流域综合治理减水减沙效益问题

5.3.1　绥德韭园沟小流域

韭园沟是无定河中游左岸一条支流,流域面积70.7 km²,属黄土丘陵沟壑第一副区,治理前多年平均侵蚀模数1.8万 t/(km²·a)。

韭园沟1953年进行流域治理,截至1992年治理程度已达62.9%(见表5-5),流域内共修建淤地坝215座,其中大型坝(库容>50万 m³)15座,中型坝(库容10万～50万 m³)40座,小型坝(库容<10万 m³)160座,总库容2 768.2万 m³,已拦泥1 648万 m³,库容淤损率达60%。

表5-5　黄河中游典型沟道小流域治理情况(1992年)

沟道		韭园沟	王茂沟	榆林沟	王家沟	裴家峁沟
所在县		绥德	绥德	米脂	离石	绥德
所在河系		无定河	韭园沟	无定河	三川河	无定河
流域面积(km²)		70.7	5.98	65.8	9.1	39.5
多年平均降雨量(mm)		508	513	415	495.1	331.7
侵蚀模数(万 t/(km²·a))		1.83	1.8	1.8	1.59	1.80
水保措施面积(hm²)	水平梯田	1 099.67	112.47	1 369.13	240.00	593.33
	坝地	241.20	38.67	149.13	35.73	70.67
	水地	79.33		88.33	29.20	
	造林	2 513.33	40.87	2 161.33	366.60	106.67
	种草	513.47	128.40	333.73	31.93	
	合计	4 447.00	320.41	4 101.65	703.46	770.67
治理度(%)		62.9	53.6	62.5	77.3	19.50
淤地坝	坝数(座)	215	45	127	24	
	总库容(万 m³)	2 768	275	2 885	485	
	已淤库容(万 m³)	1 649	137	2 026	211	

40年来,韭园沟共发生9次较大暴雨,分析历次大暴雨减水减沙效益(见表5-6)可知,1956～1977年7次暴雨平均减水效益17.9%,其中治坡减水10.5%,治沟减水7.4%;

表 5-6 韭园沟流域几次大暴雨减水减沙效益

时间			流域平均雨量 (mm)	暴雨情况 暴雨中心				洪水总量		减水效益 (%)			冲刷总量 (万 t)		减沙效益 (%)			治理度 (%)	淤地坝座数 (座)	淤地坝破坏座数 (座)	淤平地坝座数 (座)	径流系数 (%)	侵蚀模数 (t/km²)	备注
年	月	日		地点	雨量 (mm)	历时 (min)	平均强度 (mm/min)	治理前 (推算)	治理后 (实测)	治坡	治沟	合计	治理前 (推算)	治理后 (实测)	治坡	治沟	合计							
1956	8	8	45.1	三角坪	66.2	166	0.4	147.74	119.8	7.7	11.2	18.9	129.4	32.72	11	63	74.0	17.5	107	18	58	79.6	17 240	
1959	8	19~20	97.9	黑家瓜	116	1 295	0.09	106.88	104.5	11.6	-0.3	11.3	86.06	104.9	13.5	-37	-23.5	19.8	126				16 000	冲毁刘家坪、韭园两坝
1961	8	1	57.7	王茂庄	77.1	233	0.33	224.34	196.9	7.8	3.5	11.3	183.5	104.6	12.2	30.8	43	16.6	146	51	5		24 650	
1964	7	5~6	129.1	李家寨	142.3	997	0.14	120.83	87.86	12.6	14.7	27.3	100.8	55.24	14.2	35.3	49.5	21.3	138	8		58.8	14 200	1963年韭园、马连、三角坪3座大坝扩建了溢洪道
1966	7	17	78.8	魏家焉	106.2	383	0.26	276.2	186.2	6.4	26.1	32.5	203.7	111.2	9.5	35.9	45.4	36.3	163					
1966	7	19	46.2	魏家焉	56.8	361	0.16																	

续表 5-6

时间			暴雨情况					洪水总量		减水效益（%）			冲刷总量（万 t）		减沙效益（%）			治理度（%）	淤地坝座数（座）	淤地坝破坏座数（座）	淤平淤地座数（座）	径流系数（%）	侵蚀模数（t/km²）	备注
年	月	日	流域平均雨量（mm）	暴雨中心 地点	雨量（mm）	历时（min）	平均强度（mm/min）	治理前（推算）	治理后（实测）	治坡	治沟	合计	治理前（推算）	治理后（实测）	治坡	治沟	合计							
1977	7	5～6 日	88.1	马连沟	93.3	435	0.21	106.9	54.02	16	33	49	50.38	8.03	23.6	60.5	84.1	36.3	317	77	210		7 190	冲毁刘家湾水库
1977	8	4～5 日	146.6	王家瓜	160.2	646	0.25	487.7	564.6	11.5	-27	-15.5	345.3	764.2	15.5	-147	-131.5		333	243		83	49 200	冲毁韭园、马连、青年、红旗大坝
平均										10.5	7.4	17.9			14.2	6.0	20.2							
1994	8	4～5 日	96	韭园	152.6	400	0.38	420.6	96.89			77.2	210.3	1.7			99	62.9	215	0	大部分淤满	0	>30 000	1979 年恢复了 1977 年水毁工程

减沙效益为 20.2%,其中治坡减沙 14.2%,治沟减沙仅为 6.0%,这一事实表明,即使像韭园沟这样的治理典型,在较大暴雨情况下,减水减沙效益不是很大。然而,1994 年 8 月 4~5 日韭园沟流域发生了一次 152.6 mm 的暴雨,却发挥了较大的蓄洪拦沙效益,韭园坝坝前淤厚 6.3 m,初步估算拦沙约 30 万 m³,新淤坝地约 4 hm²,同时三角坪、青年等水库也拦蓄了大量洪水泥沙;王茂沟二号淤地坝此次洪水淤厚近 1 m。从与韭园沟相邻的裴家峁沟的暴雨洪水对比分析来看,韭园沟也发挥了巨大的减洪减沙效益,裴家峁沟流域面积 39.5 km²,流域内没有小水库,梯田、林、草、淤地坝也比较少,治理程度在 20% 左右,在 1994 年 8 月 4~5 日的暴雨中,韭园沟出口最大流量仅 10.7 m³/s,沙量仅 1.7 万 t,而裴家峁沟洪峰流量 275 m³/s,沙量 175.9 万 t,由此可见,韭园沟综合治理的蓄洪拦沙作用是很大的。

5.3.2 离石王家沟小流域

王家沟小流域系三川河支流,流域面积 9.1 km²,目前治理程度为 77.3%。在不同降水情况下,土壤侵蚀也呈现出较大差异(见表 5-7)。从表列成果可以看出,1988 年降水量比多年平均降水量高 23.8%,土壤侵蚀模数较治理前增加 21.98%;1989 年降水量比多年平均降水量减少 15%,土壤侵蚀模数较治理前减少 67.24%;说明王家沟流域在目前治理程度较高的情况下,正常降水年份保水保土效益十分显著,但在丰水年又遇大暴雨的情况下,土壤侵蚀仍然十分严重。

表 5-7 王家沟流域不同降水条件下的土壤侵蚀

年份	流域治理度(%)	降水量(mm)			侵蚀产沙(t/(km²·a))			占治理前侵蚀模数(%)
		全年	5~9 月	最大 1 d	产沙模数	输沙模数	淤地坝拦沙模数	
1988 年	71	613.1	589.7	81.0	19 334.1	4 197.8	15 136.3	121.97
1989 年	76	420.6	347.1	39.3	5 192.6	1 603.6	3 589.0	32.76

注:1. 流域多年平均降水量 495.1 mm;

2. 治理前侵蚀模数 15 851 t/(km²·a)。

究其原因,主要是一些产沙地段治理难度较大,有些尚未进行治理,是现阶段泥沙主要来源(见表 5-8)。由表列成果可以看出,上述 4 种土壤侵蚀类型,其面积占流域面积的 24.44%,侵蚀产沙量占流域治理前侵蚀产沙量的 46.06%。尤其值得注意的是人为侵蚀在侵蚀产沙中占有极为重要的作用,对于侵蚀剧烈的陡崖、V 形沟及红土沟坡,由于利用价值不大,治理难度较高,一时难以控制可以理解,但对于村庄、道路等人为侵蚀,只要注意水土保持是不难治理的。但是,随着人口的增加,新建村庄、道路明显增多,弃土随意堆放在附近的沟坡,或填平小支沟,松散堆积,上游来水冲刷极为严重,特别是一些新建道路,劈山开路,坡度极陡,弃土松散堆积在沟坡或填路基,成为洪水冲刷的对象。道路建成之后,又承受坡面和上游来水,成为集水槽,水流集中后,径流系数很大,冲刷十分严重。

表 5-8　王家沟流域现阶段侵蚀产沙

地类	各地类占流域面积(%)	侵蚀产沙量占治理前侵蚀产沙量(%)
陡崖、V 形沟(崩塌等重力侵蚀)	4.34	19.86
红土沟坡(泻溜侵蚀)	4.60	14.00
村庄、道路(人为侵蚀)	4.50	5.40
未治理坡耕地(水力侵蚀)	11.0	6.80
合计	24.44	46.06

注:据山西省水保所资料统计。

上述事实说明,已治理的需要巩固提高,未治理的治理难度更大,在丰水年且多暴雨的情况下,水土流失依然严重。

5.4　关于生态修复等植被建设问题

5.4.1　生态修复等植被建设的减水减沙作用

黄土高原水土流失治理是一项长期、艰巨的任务,有赖于各项措施的综合配置,其中生态修复等植被建设不乏是一种重要措施。从 20 世纪 80 年代到 90 年代,黄河中游造林面积增长很快,随着西部大开发的实施,在黄河中游生态环境建设中退耕还林还草已大规模开展,林草措施受到前所未有的重视。研究表明,林草植被等水土保持生态建设可以改变流域下垫面状况,包括被覆度、土壤结构、土壤含水量、地下水循环等,大区域的生态建设还可能对局地气候产生影响,也起到了一定的减水减沙作用,随着林草面积的大量增加与郁闭度的提高,其减水减沙作用也会进一步增加,分析认为,在一般降雨(指暴雨较少的多年平均降雨量)情况下,水土保持措施有较大的蓄水拦沙作用,尤其值得指出的是,在暴雨较少、降雨相对均匀且降水总量减少不多的情况下,降雨条件有利于生态修复等水土保持治理减沙作用的发挥,经对吴起县两个生态修复小流域计算,林草覆盖率提高 1%,减水率提高 0.62%,减沙率提高 2.2%,由此可见,生态修复的减水减沙作用是较大的。但林草植被等下垫面的变化是否会对产流产沙机制产生影响,还有待深入研究。在黄河中游地区,由于自然地理条件和土壤侵蚀过程的特殊性,特别是吴堡以北水土流失严重地区,高覆盖林草面积不大,而且森林在局部地区水分平衡中的作用比较复杂,植被截留降雨量的多寡取决于植被类型、覆盖面积和暴雨情况,还与大面积的郁闭林冠和深厚的枯枝落叶垫层有很大关系。研究表明,当林地覆盖率达 30% 时,土壤侵蚀才明显减少,但遇特大暴雨时,林地产沙也明显增加,例如位于子午岭林区的葫芦河,遭遇 1977 年大暴雨,汛期产沙量达 390 万 t,较 80 年代 10 年总产沙量(377 万 t)还多。这一情况说明,林草措施抗御大暴雨的能力是十分脆弱的。此外,林草等治坡措施可有效控制面蚀,但难以控制沟蚀,特别是重力侵蚀,因此林草控制侵蚀产沙的能力也是有一定限度的,特别是控制暴雨洪水的能力较小。

5.4.2　自然恢复和重建植被的可能性问题

在黄土高原,历史上由于植被的破坏,基本丧失了成片分布的规律性。地跨陕、甘两省的子午岭地区,尚保存成片的天然次生林区,代表了当地自然生态景观,其侵蚀类型代表了自然生物－气候环境的自然侵蚀,侵蚀轻微,但子午岭林区在整个黄土高原地区具有多大的代表性,目前尚无确切的论证。子午岭林区年降水量 500～600 mm,属半湿润的森林地带,植被易恢复。唐克丽等在子午岭以北的白于山半干旱区,调查发现自然恢复植被的典型流域(见表 5-9),表中的水塔沟和黄树塔沟为杏子河流域两条毗邻支流,位于靖边县,年降水量 450 mm 左右的黄土丘陵区,这两条流域面积、主沟道长度及沟道密度极为类同。据航片对照判读和实地调查,1958 年时,两条流域的有效植被覆盖率均为 7% 以上;1975 年时,因开垦扩展耕地,有效植被覆盖率均下降至 2%;1982 年时,水塔沟除已建建设的基本农田外,不再继续开垦,且实施禁垦陡坡,自然封育和人工补植林草相结合,经7 年的时间,植被已基本恢复,沟谷部位以乔灌为主,梁峁坡面以草灌为主,覆盖率达 60% 以上,土壤侵蚀基本得到控制。同期毗邻流域的有效植被几乎全部破坏,土壤侵蚀发展强烈。由此可见,不仅在子午岭地区能恢复自然植被,而且在海拔 1 700 m 的半干旱地区,一旦停止开垦,进行封禁并结合人工建造,无论是沟谷部位还是梁峁坡部位均能恢复植被。

表 5-9　半干旱草原地带典型小流域植被的破坏与恢复

流域名称	海拔(m)	流域面积(km²)	主沟道长度(km)	沟壑密度(km/km²)	有效植被面积(覆盖度 >60% 的乔灌林地)						侵蚀状况
					1958 年		1975 年		1982 年		
					面积(hm²)	占总面积比例(%)	面积(hm²)	占总面积比例(%)	面积(hm²)	占总面积比例(%)	
水塔沟	1 450.06～1 761.09	2.4	3.18	4.03	17.85	7.58	5.4	2.29	154.4	64.33	轻微
黄树塌沟	1 450.06～1 742.06	2.5	3.0	4.80	19.3	7.76	5.98	2.41	1.4	0.56	强烈

陕西省吴起县致力于生态修复也证明生态修复的可能性,该县金佛坪小流域涉及 2个村 946 人,总面积 25 km²。1998 年前,该流域共有耕地 720 hm²、荒地 1 300 hm²、林地 193.33 hm²、人工牧草地 120 hm²。1998 年,全流域整体封禁,1999 年又一次性退耕,经过 7 年治理,整个流域生态状况发生了根本改变。目前,该流域共有林地 1 760 hm²、人工草地 520 hm²、封育 300 hm²,全流域未保留坡耕地。据测算,该流域的林草覆盖率已由 1997年的 38% 提高到现在的 69%。

该县杨青小流域涉及 8 个村 2 725 人,总面积 80 km²。1998 年以前,流域内共有耕地 2 780 hm²、林地 1 406.67 hm²、人工草地 646.67 hm²。由于过垦过牧,整个流域植被稀疏,水土流失严重。1998 年以来,对该流域实行整体封育,并于当年进一步退耕到位。经过 7

年多的治理,现有林地 4 486.67 hm²、人工牧草 2 026.67 hm²、农耕地 453.33 hm²、荒山荒坡封育成自然植被 500 hm²,林草覆盖率由 1997 年的 34% 提高到现在的 66%。以上事例说明,在黄土高原绝大部分地区,植被的自然恢复或重建是可能的。

5.4.3 连续干旱对植被减沙影响问题

黄土高原降雨量少而蒸发量大是造成干旱的基本原因。历史上各地破坏原有植被,引起水土流失加剧,造成大面积生态环境恶化,加重了干旱的威胁。同时,严重的水土流失又使坡耕地降低了抗旱能力,从而增加了干旱现象的发生。据黄土高原各地历史考证,随着水土流失的加剧,旱灾出现的概率也相应频繁。例如,陕西省北部丘陵区,水土流失严重,干旱灾害频繁,在 1629 ~ 1949 年的 321 年间,共发生旱灾 131 次,平均每 2.5 年一次;1950 年以来,上升为平均 2 年一次。1961 ~ 1977 年,陕北每 3 ~ 5 年就有一个旱年,其中有两次全区性大旱,如 1965 年大旱,榆林地区近 66.67 万 hm² 耕地几乎绝收。又如甘肃省干旱地区 18 个县 1933 ~ 1976 年 44 年资料统计,大旱和旱年 17 年,占 38.6%;其他灾害年份 19 年,占 43.2%。值得指出的是,近年来黄河中游各地植被增加很快,减水减沙作用也很明显,但黄河中游气候干旱,黄土本身经常处于水分匮乏状态,雨水入渗深度一般不超过 3 m,很难与地下水衔接,因此植被(特别是乔木)一般生长不良,特别是延安北部地区,林草多分布于陡坡,覆盖率低,减水减沙作用受到很大制约,若再遇连续干旱年份,植被可能部分枯死,再遇暴雨较多的年份,产流产沙可能会激增。分析河龙区间暴雨产流产沙表明,1965 年陕北大旱之后,1966 年、1967 年连续两年暴雨产流产沙都很大,1966 年龙门水文站发生洪峰流量 10 100 m³/s 洪水,河龙区间年输沙量 15.31 亿 t,1977 年龙门水文站发生 4 次洪峰流量大于 10 000 m³/s 洪水,最大洪峰流量 21 000 m³/s,河龙区间年输沙量高达 21.43 亿 t。以上事实说明,大旱之后,接踵而来的暴雨产流产沙很大。

5.5 关于人为水土流失问题

近年来随着黄河中游煤炭、石油、天然气能源资源的大规模开发及相应的配套建设,城镇的崛起,人口的剧增,公路、铁路的迅速发展,经济发展对生态环境的压力越来越大,有些地区人为新增水土流失相当严重,国家和地方各级政府,采取多种措施加以防治。1991 年国家颁布的《水土保持法》规定,生产建设项目应当向水利部门编报水土保持方案,确保在施工时就采取措施预防水土流失,实践证明,一些地区,如内蒙古准格尔矿区、神府东胜煤田大柳塔矿区等,生态环境得到了明显改善,入黄泥沙也有所减少,说明了人为新增水土流失是可以控制的。同时,随着人们环保意识的加强,开发建设项目采用多种措施加强矿区水土保持和环境治理,一些由开发建设项目破坏的面积,逐渐由建筑物覆盖,一些矿区已由过去的"破坏大于治理"逐渐向"治理大于破坏"转变,新增水土流失减少;监督、监测的加强,遏制了新增水土流失的发生;生态移民、农村劳动力的转移使生态环境得以恢复和保护。所有这些措施都使新增水土流失呈减少趋势,事实证明,只要各种防治措施到位,控制或减少新增水土流失是可能的。但是,我们也应当看到,由于这一地区开发建设项目数量多、规模大,对控制人为新增水土流失,除少数国家大型项目外,有些地方建设项目对此还重视不够,特别是在人烟罕至的偏远地区,也是水土流失的策源地,乱采、滥挖造成的人为新增水土流失制而不止,人为新增水土流失还难以杜绝,暴雨洪水期增加河流泥沙。目前,这一地区的生态环境恶化的趋势尚未得到有效遏制,而一些新的、不可逆转的生态环境问题还在发展之中,如煤炭资源开发造成地表裂缝、地表塌陷,河流干枯、水库漏水、地下水位下降,地表裸露、土地沙化,植被枯萎甚至死亡,生物群落发生逆向演替以及水土流失严重等,这些都将对水沙变化带来重要影响。调查表明,一些开发建设项目人为水土流失依然比较严重,因此应特别关注经济活动强烈地区的人为水土流失,加大治理力度。

煤炭开发增加河流泥沙,国外也不乏实例,美国约有 1 500 个大型露天煤矿,矿山排土场或弃土堆,既不平整,又无植被,常常在采矿活动停止多年之后,仍因自然降雨而继续侵蚀。加利福尼亚州北部的锡拉内华达山脉西坡,1849 ~ 1914 年的大规模采矿活动,有多于 11.5 亿 m^3 的弃土弃渣倾倒在萨克拉门托河及其支流。在下游河漫滩、萨克拉门托河的通航水道以及离采矿操作地区下游 161 km 的旧金山湾,已经招致严重的泥沙问题,1972 年萨克拉门托河流域的排水和洪水以及通航水道的修建和维护问题,均可归因于一个世纪前的采矿活动。

5.6　关于暴雨洪水作用下河道冲刷恢复泥沙问题

黄河中游河道具有小水淤、大水冲的演变特点,暴雨洪水作用下河道冲刷恢复泥沙问题是影响水沙变化的一个重要因素。近年来,由于处于枯水期,河道中淤积了大量泥沙,特别是一些开发建设项目,向河道弃土弃渣时有发生,黄河中游支流河道积累了一定数量的泥沙,在暴雨洪水作用下增加河流泥沙。据黄河水利科学研究院李萍、张晓华等的研究,窟野河神木至温家川区间几次暴雨洪水增沙 15% ~ 44% (见表 5-10)。尽管神木至温家川区间在暴雨洪水期有一定产沙,但数量不会如此之大,因此可以判定大部增沙是河道冲刷造成的,作者在暴雨洪水后调查发现,高含沙洪水泥沙颗粒较粗,河道中还有一定数量的推移质泥沙,甚至有大块石,因为坡面来沙一般较细,河道中的粗泥沙是河道冲刷所致,说明河道发生了冲刷。

表 5-10　神木至温家川区间河道增沙量计算

时间(年-月-日)	站名	沙量(万 t)	增沙量(万 t)	增沙比例(%)
1970-08-02	神木 温家川	2 830 5 060	2 230	44
1976-08-02	神木 温家川	11 700 17 600	5 900	34
1978-08-31	神木 温家川	3 800 6 700	2 900	43
1989-07-21	神木 温家川	5 600 6 600	1 000	15

5.7　关于暴雨强度与水土保持措施减沙关系问题

水土保持措施不论是工程措施还是生物措施,其减沙作用都与降雨强度及坡面和沟道洪水大小关系密切。水土保持措施减洪减沙作用与洪水的关系,实质上是与降雨强度及降雨总量的关系。黄河中游是我国高强度暴雨多发地区,不同历时的大暴雨时有发生,水土保持措施又受当前经济发展水平和管理维护能力的制约,目前抵抗暴雨强度的能力还不高,低于一定降雨强度时减沙作用比较明显,强度稍高作用就减少,超过某一强度就不再减沙,再高就可能造成水土保持措施的破坏,不仅不能减沙,还可能致洪增沙。此时,再加上水利水保工程水毁、水库排沙和河道前期淤积物的冲刷等,泥沙将会增加。研究表明,黄河中游遭受高强度暴雨时产流产沙都比较大,20 世纪 70 年代以前是如此,即使 2012 年下垫面发生了较大变化也不例外,水文观测资料显示,2012 年 7 月,黄河河龙区间相继出现 3 次洪水过程,第一次为 7 月 21 日,主要为皇甫川、窟野河、孤山川等支流降大暴雨,形成皇甫川 5 000 m^3/s 和窟野河 2 000 m^3/s 的洪峰流量,其中皇甫川最大含沙量高达 840 kg/m^3,这次洪水形成干流吴堡站 4 440 m^3/s 及龙门站 3 500 m^3/s 的洪峰流量;7 月 27～28 日,黄河干流府谷至吴堡区间普降暴雨,受此次降雨影响,吴堡站先后于 7 月 27 日和 28 日出现 10 600 m^3/s 和 7 580 m^3/s 的洪峰流量,最大含沙量分别达 237 kg/m^3 和 231 kg/m^3,洪峰演进到龙门站分别为 7 620m^3/s 和 5 740 m^3/s,成为 2012 年黄河 1 号和 2 号洪水,再演进到潼关,两次洪水基本合二为一,洪峰流量为 4 250 m^3/s。又如 秃尾河高家川水文站控制流域面积 3 253 km^2,2012 年 7 月 28 日流域内雨量站中最大日暴雨量为 134.8 mm,洪峰流量为 1 010 m^3/s;佳芦河申家湾水文站控制流域面积 1 121 km^2,2012 年 7 月 28 日洪峰流量为 1 870 m^3/s,含沙量为 800 kg/m^3,为 1970 年以来发生的最大洪水,流域内雨量站中相应最大日暴雨量为 169.2 mm。这些情况说明,在现状下垫面条件下只要出现高强度暴雨,就会产生较大的洪水与沙量。

综合归纳以往的研究成果,在黄河中游多沙粗沙区,暴雨强度与水土保持措施减沙关系大致如下:

(1)降雨强度小于 50 mm/d 时,水土保持减沙作用为 30%～50%。

(2)降雨强度小于 100 mm/d 时,水土保持减沙作用为 10%～30%。

(3)降雨强度达到 100～150 mm/d 时,减沙作用不明显,还可能出现增沙。

(4)降雨强度大于 150～200 mm/d 时,增沙作用为 10%～30%。

5.8　结论与讨论

本章回顾评价了坝库建设、小流域治理、生态修复等植被建设、人为水土流失、河道冲刷恢复问题以及降雨强度与水土保持减沙等诸多问题对减水减沙影响的经验教训及利弊得失,供黄河治理及水土保持参考。黄河中游治理对水沙变化影响是一个庞大的系统工程,涉及因素及各因素之间关系十分复杂,目前的认识仅是初步的,黄河水沙变化研究仍是今后长期持续研究的复杂问题,许多问题有待深入研究。

5.8.1　坝库建设问题

为有效利用水资源,加强黄河中游水土流失治理,减少入黄泥沙,加快中西部地区经济开发和生态环境治理,加速当地群众脱贫致富的步伐,修建水库和淤地坝是必要的。实践证明,水库和淤地坝的蓄水拦沙是控制和利用洪水泥沙的关键措施之一,但在暴雨洪水作用下也存在许多问题,特别是黄河中游一些中小河流,水土流失严重,河道淤积、萎缩,甚至人为侵占、缩窄行洪断面等,导致小水大灾现象时有发生,而且呈日益加剧之势。坝库建设出现了一些新情况、新问题:

(1)暴雨水毁对泥沙的影响问题。从 20 世纪 50 年代修建坝库开始,就有暴雨水毁事件出现,近十余年来大暴雨较少,暴雨水毁事件不多,然而 20 世纪六七十年代并非如此,暴雨水毁事件时有发生,特别是一些"串联"坝库,潜在有连锁垮坝的危险。如何评估暴雨水毁对泥沙的影响,也是值得深入研究的问题之一。

(2)近期淤地坝减沙作用有减小趋势。初步认为近期淤地坝减沙作用减小原因:一是有些地区淤地坝建设趋于饱和,拦沙作用不增反降;二是坡面治理减沙作用增加,淤地坝减沙作用减小。对于这些问题需要进一步研究。

5.8.2　生态修复等植被建设问题

黄土高原水土流失治理是一项长期、艰巨的任务,有赖于各项措施的综合配置,其中生态修复等植被建设不乏是一种重要措施。目前生态修复等植被建设有较大的蓄水拦沙作用,但生态修复等植被建设蓄水拦沙的机理研究不够,特别应加强生态修复等植被建设蓄水拦沙对沟道产沙影响机理研究,进而应通过典型区域深入探讨植被的自然恢复和重建的可能性问题和在连续干旱对植被减沙的影响等问题。

5.8.3　河道冲刷恢复泥沙问题

河道冲刷恢复泥沙问题是一个值得重视的问题。随着人类活动的加剧,河道中积累、隐蔽着大量泥沙,尤其是煤炭开发建设形成的弃土堆或排土场,是松散堆积的土石混合物,其中大块石还有"架空"现象,雨水容易渗透其中,当含水量达到一定程度时,可能发生滑坡等重力侵蚀,并堆积于河道之中,在暴雨洪水作用下,因河道冲刷致使大量泥沙进入河流,这是今后值得研究的问题。

5.8.4　人为水土流失问题

近年来随着黄河中游煤炭、石油、天然气能源资源的大规模开发及相应的配套建设,城镇崛起,人口剧增,公路、铁路迅速发展,经济发展对生态环境的压力越来越大,有些地区人为新增水土流失相当严重,国家和地方各级政府,采取多种措施加以防治,但人为水土流失仍是值得重视的问题。这是因为这一地区的生态环境恶化的趋势尚未得到有效遏制,而一些新的、不可逆转的生态环境问题还在发展之中,如煤炭资源开发造成地表裂缝、地表塌陷、河流干枯、水库漏水、地下水位下降、地表裸露、土地沙化、植被枯萎甚至死亡,生物群落发生逆向演替以及水土流失严重等,这些都将对水沙变化带来重要影响。调查表明,一些开发建设项目人为水土流失依然比较严重,因此应特别关注经济活动强烈地区的人为水土流失,加强监测、观测研究,加大治理力度。

5.8.5　暴雨对水土保持减水减沙影响问题

水土保持措施不论是工程措施还是生物措施,其减沙作用都与降雨强度及坡面和沟道洪水大小关系密切。水土保持措施减洪减沙作用与洪水的关系,实质上是与降雨强度及降雨总量的关系。研究表明,黄河中游遭受较大暴雨产流产沙都比较大,即使在现状下垫面条件下只要出现高强度暴雨,也会产生较大的洪水与沙量。因此,应着重研究暴雨产流产沙规律,正确评估暴雨对水土保持减水减沙的影响,科学预测水沙变化趋势。

参 考 文 献

[1] 汪岗,范昭. 黄河水沙变化研究(第二卷)[M]. 郑州:黄河水利出版社,2002.

[2] 张胜利,李倬,赵文林,等. 黄河中游多沙粗沙区水沙变化原因及发展趋势[M]. 郑州:黄河水利出版社,1998.

[3] 张胜利. 黄河河龙区间近期水沙锐减原因初探[N]. 黄河报,2010-08-05.

[4] 张胜利. 对黄河中游未来水沙变化情势的认识[N]. 黄河报,2011-05-12.

[5] 史辅成. 再谈对近期黄河水沙变化的认识[N]. 黄河报,2012-12-06.

[6] 李萍,张晓华,郑艳爽,等. 河道冲淤调整对窟野河产沙量影响初步分析[J]. 中国水土保持,2012(12).

[7] 张胜利,左仲国. 从窟野河"89·7"洪水看神府东胜煤田开发对水土流失及入黄泥沙的影响[J]. 中国水土保持,1990(1).